勘测工作应用实践及管理

邓世顺　姬志军　南玉贤　著

黄河水利出版社
·郑州·

图书在版编目(CIP)数据

勘测工作应用实践及管理/邓世顺,姬志军,南玉贤著.—郑州:黄河水利出版社,2019.6

ISBN 978-7-5509-2427-7

Ⅰ.①勘…　Ⅱ.①邓…②姬…③南…　Ⅲ.①工程勘测　Ⅳ.①TB22

中国版本图书馆 CIP 数据核字(2019)第 129032 号

组稿编辑:陶金志　电话:0371-66025273　E-mail:838739632@qq.com

出 版 社:黄河水利出版社　　网址:www.yrcp.com

地址:河南省郑州市顺河路黄委会综合楼 14 层　邮政编码:450003

发行单位:黄河水利出版社

发行部电话:0371-66026940、66020550、66028024、66022620(传真)

E-mail:hhslcbs@126.com

承印单位:虎彩印艺股份有限公司

开本:787 mm×1 092 mm　1/16

印张:6.5

字数:110 千字　　印数:1—1 000

版次:2019 年 6 月第 1 版　　印次:2019 年 6 月第 1 次印刷

定价:45.00 元

前　言

勘测工作是工程建设的基本程序之一，是各建设项目的先导性工作。勘测工作的深入程度决定着设计标准、投资和施工质量的优劣。随着国内市场的逐渐开放和行业之间的融合，市场竞争也日渐激烈。因此，如何做好勘测工作和过程管理就显得尤为重要。

建设项目工程勘察的基本内容主要包括工程测量、水文地质和工程地质勘察三大任务。主要任务和目的是查明工程项目建设地点的地形地貌、地层结构岩性、地质构造、水文条件等自然地质条件资料，做出鉴定和综合评价，为建设项目的选址、工程设计和施工提供科学可靠的依据。

本书根据笔者近10余年的勘测实践经验，系统梳理了勘察工作的基本生产流程，从生产流程、工作模板、安全生产及经营管理和勘察技术应用等四个章节分别论述了招标投标文件编制、岩土工程勘察、水利工程勘察、土工试验、成本核算、安全生产以及后期验槽服务等实践工作内容，定制化完成了成本核算、工作方案等，创新式地为一线人员提供手册式服务。

在勘察技术方面，总结了大中型引调水项目中的勘察重点和难点、TBM掘进围岩适应性、岩土工程地质问题及解决方案等技术问题，为后期设计和施工提供了较为可靠的经验。

本书由邓世顺同志进行主要撰稿，同时也十分感谢姬志军和南玉贤两位同志对书中的相关章节进行了扩展和补充，使得著作更为完善。鉴于作者的水平有限，书中难免存在一些不足之处，敬请各位读者批评指正并提出宝贵意见。

作　者

2019年1月

目　录

第一章　勘测工作基本流程

一、投标文件编制流程与注意事项

在招标投标活动中与招标文件相对应的是投标文件，又称标书，投标文件作为公司的代表十分重要，公司如果想要发展，想要项目，想要中标，就要严谨认真地编写投标文件。

1　认真阅读招标文件书，不要经验主义

投标文件的编制必须要在认真审阅招标文件和充分消化理解招标文件中全部条款内容的基础上方可开始。每个招标文件都有其特殊性要求，一定要认真阅读，认真准备，力求符合招标文件的全部要求。

(1)对合格投标人的资格要求条款：一定要仔细阅读，并认真准备，缺一不可。如法人证明、授权书、营业执照、资质证明及业绩证明等要件，复印件或扫描件要清楚、工整。根据要求先做一个原件资料清单，清单找齐了再进行标书的制作。详见附件1。

(2)对招标文件的澄清和修改条款：拿到招标文件时，一定要仔细阅读，对不清楚的内容尽快与招标人或招标代理进行沟通，澄清模糊概念，对重要问题，应发书面形式通知招标人或招标代理，以招标人或招标代理的书面答复为准。

(3)对投标文件的构成的条款：要逐条阅读，认真准备，按顺序排列，缺一不可。

(4)对投标报价条款：币种、报价的要求，一定要按招标文件要求填写，包括单价、总价，注意价格的大、小写一定要一致。

(5)对废标处理条款：应逐条阅读，注意细节。

(6)对合同条款及格式：要认真阅读，积极响应。其他商务条款，主要是明确双方权利和义务的，也一定要注意。技术条款应该在编制技术方案中有所体现。

(7)在招标文件中所列的投标格式条款，要按照招标文件所列的所有表

格样式逐一进行填写（逐一进行编制，不是套用直接填上），同时注意加盖公章、授权人签字、签署日期。同时要注意阅读各种格式下的注意事项。

2　认真准备投标文件，按规定编制

编制投标文件过程中主要存在的问题是不按规定编制，必须严格招标文件规定的格式编写。对投标文件的编排顺序，也一定要按招标文件的要求顺序编排，不能随意排列，前后颠倒，以便于评标专家在审阅投标文件时方便查找，以防造成漏审而废标。

对投标文件错误修改条款，一定要重视，不可随意涂改和增删，对确有必要的修改，要严格按规定签字和加盖公章。否则将作为非响应性投标被拒绝。

投标文件一般由商务部分（或投标函部分）、资信部分、技术部分组成。

（1）商务部分（或投标函部分）。

商务部分（或投标函部分）一般由投标函、投标函附录、投标保证金、法定代表人证明文件和授权书、投标报价表等组成。

投标函是投标文件中的灵魂，任何一个细节错误将可能会被视作废标，因此填写时应倍加小心。除了认真填写日期、项目名称、标段号或标段名称、招标人名称、投标人名称外，投标函的填写应着重注意下列几点：

①投标总金额：应在投标报价表编制完毕的基础上，反复核对无误后，分别用阿拉伯数字和文字填写，两者不得有差异，并严格按招标文件要求的书写方式填写。

②投标有效期：应根据招标书相应条款中的规定，填写自开标之日算起的投标书有效期。

③工期：必须与招标文件要求的工期一致或少于招标文件要求的工期，并与施工方案或施工组织设计等技术标中的工期一致。

（2）资信部分。

资信部分要尽可能的提供所有要求的全部资料。投标文件编制过程中必须对招标文件中规定的条款要求逐条做出相应的响应，否则将被视作有差异或不反应（在评标时扣分），严重的还将可能视作废标。

业绩和人员必须按照招标文件打分要求满足其最高分，如不能得到最高分则投标基本无希望中标。

除基本的业绩和人员要求外，还要满足招标文件中一些特殊要求，如财务报表、交税证明、无行贿犯罪记录证明、个人社保证明等，只要招标文件要求的，都应该尽可能地满足，如确实无法满足的也应该另作说明或提供相应的证明文件。

(3)技术部分。

技术部分也是投标文件的重要组成部分,勘察投标中,技术部分的打分几乎都是决定能否中标的关键,因此必须尽可能地满足招标文件要求,如有偏差或偏离要有充分的理由并加以说明。技术部分一般包括项目人员组织的配置和技术方案(或施工组织设计)。

项目人员组织的配置必须满足招标文件的要求,如项目经理、项目技术负责人、项目其他人员都必须符合要求,有评分要求时按最高分来配置。并按招标文件的要求附上人员的身份证、毕业证、职称证、资格证、注册证、岗位证、社保证明等复印件。

要不断提高其编写技术方案(或施工组织设计)的能力,针对每一次投标都要认真对待,一定要按项目实际情况进行编写,必要时可以进行现场考察。特别要注意一些细节方面,如在参考以前的投标资料时不能照搬过来,注意不能在技术方案中出现以前投标的项目名称等低级错误。

在此过程中,要进行校审和复核,详见附件2、附件3。

3　注意投标文件的装订及密封

对投标应该有一个认真负责的态度,特别对招标文件中的一些细节要求,如:小签、装订、页码、密封等都不能马虎,在这些看似不重要的地方不认真对等,出现废标就很可惜了。

(1)严格按要求装订成册,并在封面标注招标项目名称、招标文件编号、投标人名称、日期等。

(2)投标文件一定要满足招标文件要求的份数,标注"正本""副本",因为在发生内容不一致时,以正本为准。否则也有可能会废标。

(3)对招标文件中要求的签字、盖章、小签等要特别重视,不能出现只盖章不签名,或只签名不盖章而废标的现象。经常出现有单位不按规定签字盖章的现象,主要是不按招标文件规定,在所有需要签字盖章处没有一一签字盖章,或者有的只签字不盖章,或只盖章不签字的现象,因此造成废标的时有发生。我们不能掉以轻心,一定要吸取经验教训,杜绝出现这种低级错误。

(4)严格按招标文件的密封要求进行投标文件的密封,对加贴密封条、封口处的盖章要求等要注意,否则投标文件可能会被拒收,一定要引起足够的重视。

4　开标前的准备阶段应注意的问题

(1)投标保证金是投标中缺一不可的重要内容。如未按时按要求递交投标保证金,投标文件作废标处理。要认真阅读招标文件中对保证金的要求,提前将投标保证金按规定方式足额存入招标方指定的银行账户,并留好存款单据,在投标时备查。开标前最好能在网上查询一下保证金的递交情况,确保无误。

(2)注意招标文件中的明确要求,在开标时要出示原件的,一定要准备带齐,不能遗漏,以免造成不必要的麻烦。

5　评标过程中应注意的问题

在评标过程中,评标专家要求投标人澄清有关问题时,一定要逐条回答,在规定时间内,以尽可能以简练的语言说明主要内容,不能答非所问,不得要领。

6　不能盲目购买招标文件

在购买招标文件之前要认真阅读招标公告,符合招标公告告知的条件,再购买招标文件,不能先买回去再说,造成不必要的浪费。

在投标过程中,了解和注意投标环节中的要点及注意事项,认真负责的投标态度,是公司中标与否的关键因素。因此,我们要对投标环节中需要注意的事项不断进行深入分析与总结,不断提高制作投标文件的水平,以便于在激烈的市场竞争中脱颖而出,立于不败之地。

附件:

1. ××××水土保持规划(2018—2030年)项目原件资料清单
2. ××××开发利用治理规划项目投标校审记录表
3. ××××开发利用治理规划项目注意事项复核表

附件1：

××××水土保持规划（2018—2030年）项目原件资料清单

营业执照（15－15）
水利设计资质证书（10/8）
水土保持资质证书副本
开户许可证、投标保证金凭证
项目负责人：×××高工证、×××××业绩证明
相关人员高工证、注册证、毕业证
信用中国、中国政府采购网（查询截图盖章）
×××××合同
授权委托书及委托人身份证

××××××
2018年10月23日

附件2：

××××
开发利用治理规划项目投标校审记录表

序号	序号	1	2	3	4	5	6
1	单位资质	营业执照	水利行业河道整治专业甲级	工程勘察岩土工程专业甲级			
	是否具有						
2	单位资格	2015、2016、2017 年度的财务审计报告	2015 年 1月1日以来具有相同或类似项目业绩(河道治理等水利勘察设计项目)				
	是否具有						
3	项目负责人	具有水利专业高级及以上技术职称				“信用中国”网站	查询“失信被执行人名单、重大税收违法案件当事人名单、政府采购严重违法失信行为记录名单”截图
	是否具有					是否截图放入投标文件	

续表

<table>
<tr><th>序号</th><th>序号</th><th>1</th><th>2</th><th>3</th><th>4</th><th>5</th><th>6</th></tr>
<tr><td rowspan="2">4</td><td>投标有效期</td><td>60天(从投标截止之日算起)</td><td></td><td></td><td></td><td>“中国政府采购网”</td><td>查询“政府采购严重违法失信行为记录名单”截图</td></tr>
<tr><td>是否响应</td><td></td><td></td><td></td><td></td><td>是否截图放入投标文件</td><td></td></tr>
<tr><td rowspan="2">5</td><td>投标流程</td><td>投标报名(投标文件网上下载)</td><td>投标保证金缴纳及缴纳金额核对(贰万叁仟元)</td><td>绑定保证金</td><td>投标文件校审</td><td>收集原件</td><td>封标</td></tr>
<tr><td>是否完成</td><td>2018年9月30日下午5点前</td><td>2018年10月16日下午5点前</td><td></td><td></td><td></td><td></td></tr>
<tr><td rowspan="2">6</td><td rowspan="2">投标文件</td><td colspan="2">校审意见</td><td colspan="2">改正意见</td><td colspan="2">验证</td></tr>
<tr><td colspan="2"></td><td colspan="2"></td><td colspan="2"></td></tr>
<tr><td colspan="2">校审人签字:</td><td></td><td>编制人签字:</td><td colspan="2"></td><td>验证人签字:</td><td></td></tr>
</table>

附件3：

××××
开发利用治理规划项目注意事项复核表

序号	要求	具体要求	是否满足	备注
1	份数	递交投标文件截止时间前投标人须同时递交纸质版正本一份（当电子开评标系统出现异常时，方可打开，并以纸质文件为依据，继续开评标），提供含投标文件所有内容的电子文档（U盘）1份，电子文档（U盘）单独密封		投标文件应统一用浅黄色牛皮纸密封。投标文件按要求密封后，须写明工程名称和投标单位名称，并在封口处加盖公章、法人印鉴
2	密封	投标人应将投标文件纸质版、电子文档（U盘）分别单独密封装在信封或包中，且在信封或包上清楚标明项目名称、项目编号、投标人等字样。 装订要求：投标文件纸质版正本应采用A4纸打印且左侧粘贴方式装订，装订应牢固、不易拆散，不得采用活页装订		项目名称： 采购编号： 项目编号： 投标人名称： 招标人名称： 在2018年　月　日上午9时前不得开启
3	招标控制价	×××万元		

续表

序号	要求	具体要求	是否满足	备注
4	改动	改动之处应加盖单位公章或由投标人的法定代表人或其授权的代理人签字确认		
5	响应	对有关投标报价、投标范围、设计周期、投标有效期、投标保证金做出响应		投标范围:河道进行查勘、规划设计依照相关法律法规及相关技术要求,确定可采区、保留区、禁采区,砂场及相关辅助设施位置布设。设计周期:10日历天;投标有效期:60天(从投标截止之日算起)
7	原件	是否齐全	电子标书上传截止时间2018年10月18日上午9时00分	解密
8	开标	携带授权委托书及身份证	上传加密后的电子投标文件	投标人需自行携带企业加密锁在开标现场解密
复核人(签字)				
投标文件递交的截止时间及开标时间为:2018年10月18日上午9时00分				
开标地点:××××				

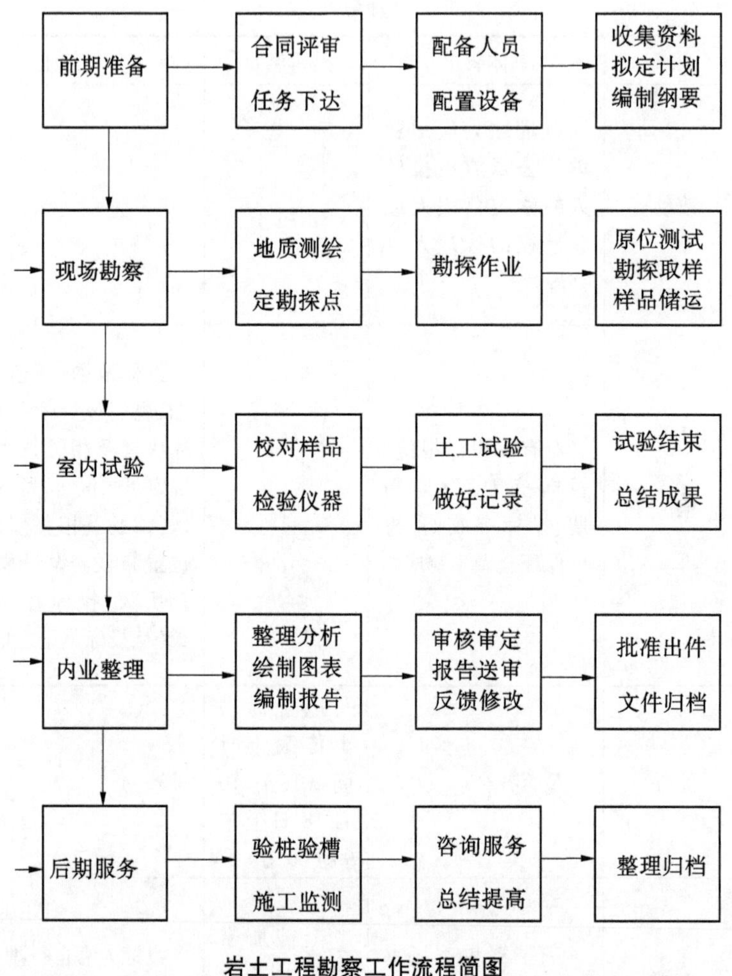

岩土工程勘察工作流程简图

二、岩土工程勘察工作流程与注意事项

1　岩土工程勘察项目的策划(P)

岩土工程勘察项目的策划即是岩土工程勘察项目进行前的准备工作。

(1)岩土工程勘察工作主要在野外现场进行,为使现场工作有计划、有目的地进行,避免窝工、返工,必须在出发前做好充分的准备,准备工作是岩土工程勘察的重要前提和内容。目前随着工程业务拓展，一些对水利水电、建筑场地地质条件缺乏研究，没有建筑经验的新地区岩土工程勘察项目增多，工程复杂程度加大，需要事先准备的工作量也加大，准备工作量已占其工作总量相当的份额。准备工作做的是否充分，会直接影响岩土工程勘察工作的质量、进度，进而影响建筑工程的质量。如何做好准备工作，怎样才能保证准备工作既充分、又具体，是需要我们高度重视和认真思考的问题。

(2)一支勘察队伍，在从事勘察项目之前的准备工作做的好坏与许多因素有关，比如这支队伍的人员素质、设备配备、经济实力等，这是必备的。但在实际工作中，能否把准备工作做得既具体、又充分，避免疏忽、遗漏，关键还是对准备工作的重要性的认识问题，要明确准备工作的重要性就是使现场勘察工作有计划、有目的地进行，避免窝工、返工，就是保证工程勘察质量的前提条件和保障，无准备的工作具有很大的盲目性，容易造成工程费用的浪费。

(3)某支勘察队伍在某区勘察一个工程，当地以河流冲洪积地貌为主，人工的坑塘较多，经过多年堆填后成为平地，勘察单位没有认真收集当地原有地形、地貌资料，也不向附近居民访问，仅根据钻探成果推断了天然地基，施工开挖发现实际情况与勘察报告大相径庭，原来建筑物的所有钻孔均布置在坑塘堤上，致使业主不得不进行基础变更，为此和勘察单位引起纠纷。

(4)现场踏勘定位是不能缺少的环节，完成上述准备工作，勘察工程项目负责人应到勘察现场踏勘，了解现场情况与收集的资料是否相符。现场工作主要任务是钻孔定位，常常遇到各种障碍物，如旧房屋、大树、高压线等，则需将钻孔移位。钻孔需打桩、测量孔口标高，除此还需要了解当地风土人情，如工作噪声对周围居民的影响，拆迁补偿事宜等情况。往往有些勘察队伍不重视现场踏勘调查，造成窝工现象，浪费人力物力，带来意想不到的麻烦和纠纷。比如某支勘察队伍在外地揽得一项工程，得到甲方的施工保证，没有进行现场踏勘，直接开着工程车进了场地，结果因拆迁补偿金未到位的问题，被当地居民赶了出来，住了几天也没有得到解决，浪费了人力物力。

准备工作的步骤：

(1)首先由工程建设单位(甲方)提供工程勘察任务委托书、建筑物规划总平面图、甲方工地负责人姓名、联系方式等，以便勘察工程负责人了解建筑物情况、甲方要求的施工工期、设计方对勘察提供参数的特殊要求等。收集拟建筑物附近地形地貌、地质资料、当地建筑施工经验，了解拟建场地现场条件等。根据拟建筑物的重要性等级和场地复杂程度，布置钻孔，选择适宜地勘探方法，进而编制工程勘察纲要。

(2)勘察项目负责人进行现场调查,以便确定勘察工程车如何进入现场,和甲方现场负责人进行接洽,解决影响施工勘察的未尽事宜,比如哪些障碍物需要及时清理等。调查地下管道、地下电缆、水源等,了解场地周边原有建筑地质资料、当地建筑施工经验等情况,判别现场情况与收集到的资料是否相符。然后进行钻孔定位、打木桩、测量孔口标高等工作。

(3)项目负责人编制工程勘察纲要,并组织相关人员学习勘察纲要,要让每一位工程参加人员具体翔实地了解工程项目的情况,并和所有成员一起讨论,预测各种意想不到的困难和难题,然后分头行动,各负其责,使准备工作具体、充分地进入勘察施工。

本过程相应三体系表格:合同会签评审单、项目任务通知单、顾客联络单、危险源识别表。

2　岩土工程勘察项目的实施(D)

岩土工程勘察项目的实施包括岩土工程勘察项目的外业和内业。

2.1　测量放点

根据平面图和实地的测量控制点、地形地物的标志点,校核勘探点位。

2.2　工程地质测绘

根据场地的地质、地形及交通条件布置测线和观测点,选择典型剖面编制地层或岩层柱状图,按测绘比例尺确定地层划分单位。

(1)工程地质测绘对于了解和掌握勘察场区整体的区域地质和地震条件,反映勘察对象的隐患险情和场区的工程地质问题,指示下一步的勘探工作,起着重要的指导作用。

(2)根据不同的勘察对象、不同的勘察阶段,详细规定了工程地质测绘的内容、工作量、勘测方法和成图比例等。

(3)实际工作中,工程地质测绘还是比较容易被忽视的。建设单位和勘察单位都应该对照规范要求,理解工程地质测绘的重要性,从工期、资金和人力方面加大投入。

2.3　钻(挖)探和编录

现场鉴别岩土类型及其物理性质,使用标准化的术语记录钻孔。

2.4　钻进取样

严格按勘察方案和规范要求确定取样位置和数量。

2.5　原位测试

以更准确地测定岩土物理力学性质,进行室内外试验成果的综合分析利用。

2.6 水文地质试验和地下水监测

以求取岩土层的水文地质参数,判定岩土层的透水性,评价工程的渗透稳定性等。

(1)水文地质试验是水利水电工程地质勘察中的一个重要环节。通过水文地质试验,求取岩土层的水文地质参数,可以判定岩土层的透水性,评价工程的渗透稳定性。

(2)水文地质试验包括抽水试验、压水试验、注水试验、渗水试验,以及水位恢复试验等。不同的地层条件下,选用适宜的试验项目和计算公式。一般地,砂砾(卵)石层和河边地层中适宜做抽水试验和提水后的水位恢复试验,基岩做压水试验,填土、含泥砂土和黏性土层适宜做注水、渗水试验。必须按规程的规定连接设备和进行操作,使用合格的水表、秒表、水位仪、压力表等,观测足够长的时间,确保每一个试验观测数据的准确性,减少误差。

(3)一般情况下,应查明地下水位的初见水位、稳定水位、地下水的水质、地下水的补给条件等,对地下水实行动态监测。为此,钻探时不要使用泥浆,保证水位和水质测量真实;监测各孔的日期要尽量统一,以便于比对;要在不同深度取水样做水质分析,评价地下水的腐蚀性;要收集当地水文、气象资料,分析地下水与地表水体的补排关系;要论述地下水对岩土工程的不良现象、危害程度,提出防治措施。

2.7 室内岩土水砂试验

以获得岩土力学参数、进行岩土工程定量评价。

2.8 编制勘察报告

报告中应对整个工程场地地形、地貌特征、地层岩土性质、区域地质构造、地下水、地震、不良地质现象及特殊岩土做出描述和评价,并根据勘察方案要求,提供承载力、边坡坡度、渗透系数、建议基础形式等,综合评价场地工程地质条件,提出推荐方案。

本过程相应三体系表格:技术、安全交底。

3 岩土工程勘察项目的检查(C)

根据勘察任务、规范要求、管理规定等对工程勘察过程和结果进行监测和审核。

3.1 外业检查和验收。

(1)现场地质人员检查和验收。

钻孔钻到预定的深度后，要由现场地质人员对照《钻孔设计任务书》的要求，及时检查、验收，并如实地将钻孔深度、时间、岩土层的厚度、岩（土）芯的采取率、岩土芯装箱保留、岩芯编录拍照、岩土水砂样本的采取、原位测试、孔深孔斜误差、封孔标识等信息填入《钻孔质量验收表》。检查合格的，准予终孔并发给《终孔通知书》；不合格的，不予验收。没有现场地质人员的验收、签字，一律视为不合格钻孔，对验收不合格的钻孔应视情况补钻、重钻。

（2）项目负责人巡查。

技术负责人、项目负责人不定期地到勘察现场巡查，对整个勘察项目流程中的勘察大纲、测量放点、工程地质测绘、钻（挖）探、原位测试、岩土水砂试验、勘察报告书、资料加工复制等各个工序逐项进行验收和评分，填写《岩土工程勘察单项工程质量验收评定表》。

3.2　内业检查

（1）自审。报告底稿完成后，由报告编制人对报告的封面、签名栏、目录、正文、附图、附表、附件（各种试验检验报告）、附照等逐项检查报告的底稿，发现有错漏的，立即修正和补充，做到完整齐全，并按规定完成签署。自审完毕后，填写《校审单》，连同勘探测试原始记录、勘察委托书、合同等支撑材料等一起交项目负责人进行校对、初审。

（2）初审。项目负责人对勘察报告进行校对，在《送审单》“校对”栏中注明错漏之处，提出补充、校正、修改意见，由报告编制人员补正，确认无误后签名，形成正式文件；参照本部门《程序文件》和文献[4]之规定，对整个勘察项目工序流程中的各项工序，进行初审、验收和评分，主要检查钻探和原位测试原始资料的完整性和准确性、图件的正确合理性、岩土力学参数的可靠性和依据，以及岩土工程问题的发现、分析和处理方案等，填写《评定表》的“初审栏”，之后交地质专业总工复审。

（3）复审。地质专业总工对勘察资料的技术和质量方面进行评定，检查报告和图件的完整性、参数和结论的合理性和可靠性，提出补充、校正、修改意见，填入《送审单》“审核”栏，对勘察项目工序流程中的各项工序进行复审、验收和评分，填写《评定表》的“复审”栏，由项目负责人进行补正并确认无误后签署，形成正式文件，交技术领导终审。

（4）终审。技术领导重点审查、验收和评定勘察成果能否全面满足勘察任务书和勘察合同的要求、取证和分析是否合理和深入、技术结论是否可靠、建议是否可行等，提出补充、校正、修改意见，填入《送审单》“审定”以及《评定表》的“终审”栏，由地质总工进行补正并确认无误后签署，形成正式文件。并在《送审单》的“批准”栏明确提出“复制加工”的要求。

本过程相应三体系表格：现场检查记录表、校审记录表、产品质量综合评定表。

4　岩土工程勘察项目的改进(A)

通过以下方面，不断改进勘察手段和方法，提高勘察水平和质量。

(1)跟踪回访，参照甲方的反馈意见进行改进。

(2)根据勘察报告的内审和外审结果改进。

(3)提高勘察过程各个阶段的质量和效率。

本过程相应三体系表格：产品资料归档记录表、文件发放登记表、工程回访报告、工程勘察质量评定表。

三、水利勘察工程工作流程与注意事项

1　水利工程概念

防洪、排涝、灌溉、发电、供水、围垦、水土保持、移民、水资源保护等工程(包括新建、扩建、改建、加固、修复)及其配套和附属工程的统称。用于控制和调配自然界的地表水和地下水，达到除害兴利目的而修建的工程，也称为水工程。水是人类生产和生活必不可少的宝贵资源，但其自然存在的状态并不完全符合人类的需要。只有修建水利工程，才能控制水流，防止洪涝灾害，并进行水量的调节和分配，以满足人民生活和生产对水资源的需要。

2　水利工程分类

防止洪水灾害的防洪工程；防止旱、涝、渍灾为农业生产服务的农田水利工程，或称灌溉和排水工程；将水能转化为电能的水力发电工程；改善和创建航运条件的航道和港口工程；为工业和生活用水服务，并处理和排除污水和雨水的城镇供水和排水工程；防止水土流失和水质污染，维护生态平衡的水土保持工程和环境水利工程；保护和增进渔业生产的渔业水利工程；围海造田，满足工农业生产或交通运输需要的海涂围垦工程等。一项水利工程同时为防洪、灌溉、发电、航运等多种目标服务的，称为综合利用水利工程。

我们经常接触到的水利工程主要有蓄水工程、引调提水工程、防洪排涝工程、灌区技改工程、河道整治工程等。

3　水利工程勘察阶段的划分

一般可分为项目建议书、可行性研究报告、初步设计、招标设计及施工详图设计阶段。中小型工程一般简化为可行性研究阶段、初步设计阶段和施工图设计阶段。

除险加固工程一般分为安全鉴定阶段和除险加固设计阶段。

4　各阶段的勘察重点任务(以水库为例)

4.1　可行性研究阶段

应在河流、河段或工程规划方案的基础上选择工程的建设位置,并应对选定的坝址、场址、线路等和推荐的建筑物基本形式、代表性工程布置方案进行地质论证比选,提供工程地质资料,主要解决的勘察内容为:

(1)进行区域构造稳定性研究,确定场地地震动参数,并对工程场地的构造稳定性做出评价。

(2)初步查明工程区及建筑物的工程地质条件、存在的主要工程地质问题,并做出初步评价,包括坝址区、水库区、灌区等。

(3)进行天然建筑材料初查。

(4)进行移民集中安置点选址的工程地质勘察,初步评价新址区场地的整体稳定性和适宜性。

初步查明水库区的渗漏问题(透水性地层、断层渗漏、地下水分水岭、低临谷等)、库岸稳定问题、坍岸问题、浸没问题、淤积问题、诱发地震问题等。

初步查明坝址区的工程地质条件,包括地形地貌、第四系岩土分布规律、特殊性岩土的分布和厚度;基岩分布,岩石类型、物理性质、边坡稳定性、岩体的完整性、裂隙发育程度、结构面的组合,对边坡稳定性等。水文地质条件,包括地下水位、地下分水岭、周边泉分布、地下水的补排关系、透水层位、溶洞的发育程度等。

初步查明主要问题有坝基渗漏问题(垂直渗漏、绕渗、沿断层带渗漏等)、边坡稳定问题(如坝基开挖边坡、溢洪道边坡、隧洞进出口边坡等的风化程度、卸荷程度、岩体类别)、渗透稳定性和渗控工程条件(采取何种防渗措施、处理深度、处理标准 5 Lu、10 Lu 等),土的渗透变形(颗分、筛分数据、级配曲线等)、坝址区崩塌、滑坡、危岩及潜在不稳定体的分布和规模,坝址区泥石流的分布、规模、物质组成、发生条件及形成区、流通区、堆积区的范围,初步评价其发展趋势及对坝址选择和枢纽建筑物布置的影响,输水(导流)隧洞的围岩分类等。天然建材的开发条件和对坝型的影响。

4.2 初步设计阶段

初步设计阶段工程地质勘察应在可行性研究阶段选定的坝(场)址、线路上进行。查明各类建筑物及水库区的工程地质条件,为选定建筑物形式、轴线、工程总布置提供地质依据。对选定的各类建筑物的主要工程地质问题进行评价,并提供工程地质资料。应包括下列内容:

(1)根据需要复核或补充区域构造稳定性研究与评价。

(2)查明水库区水文地质、工程地质条件,评价存在的工程地质问题,预测蓄水后的变化,提出工程处理措施建议。

(3)查明各类水利水电工程建筑物区的工程地质条件,评价存在的工程地质问题,为建筑物设计和地基处理方案提供地质资料和建议。

(4)查明导流工程及其他主要临时建筑物的工程地质条件。根据需要进行施工和生活用水水源调查。

(5)进行天然建筑材料详查。

(6)设立或补充、完善地下水动态观测和岩土体位移监测设施,并应进行监测。

(7)查明移民新址区工程地质条件,评价场地的稳定性和适宜性。

4.3 施工图设计阶段

施工详图设计阶段工程地质勘察应在招标设计阶段基础上,检验、核定前期勘察的地质资料与结论,补充论证专门性工程地质问题,进行施工地质工作,为施工详图设计、优化设计、建设实施、竣工验收等提供工程地质资料。应包括下列内容:

(1)对评审中要求补充论证的和施工中出现的工程地质问题进行勘察。

(2)水库蓄水过程中可能出现的专门性工程地质问题。

(3)优化设计所需的专门性工程地质勘察。

(4)进行施工地质工作,检验、核定前期勘察成果。

(5)提出对工程地质问题处理措施的建议。

(6)提出施工期和运行期工程地质监测内容、布置方案和技术要求的建议。

5 勘察实施流程(可研阶段为例)

5.1 现场查勘

一般地质、测量、设计、建设单位一同到现场查勘,根据1/5万的地形图、前期设计工作和业主需求，现场初步确定坝址和比选坝址。主要是了解现场地形地貌、覆盖层、基岩出露情况，河谷形态、库区形状、淹没范围，进场条件、特殊地质现象等有一个初步的概念。

5.2 设计任务要求

设计提要求时，基本上已经进行了一些初步的资料收集、分析，对拟建的坝型、坝址、水文、库容等均有一定程度的了解，下达的任务书比较明确勘测工作的重点和设计急需的资料。

5.3 工程测量

工程测量包括建立测量控制网；提供设计所需要的地形图、断面图和其他有关资料。一般要求新建水库测量至分水岭或明确的地下水分水岭。同时配合 1/1 万地形图进行使用。

5.4 收集区域资料并进行地质调查

在进行查勘和设计任务要求后，应根据场地的地形地貌因素收集相关的地质资料：如 1/5 万～1/20 万区域地质图、构造纲要图、附近矿区地质资料，水文地质资料和机井、农用井水位水质资料等，对目的区域应有全面的了解，然后根据地质条件制定合理的地质调查路径、地质剖面和调查重点等。经过调查，应对目标场区地下水、覆盖层、基岩分布、岩性等有一定的判断，然后初步分析库区渗漏的可能性、断裂带位置、裂隙密集带分布、存在岸坡稳定问题的地段等。

5.5 编写勘察大纲

勘察大纲就是根据设计任务要求和前期资料地质调查结论，进行有针对性的工作方案，包括采取的方法、措施、钻探、取样试验、针对主要问题所需要的参数等。按照中小型水利水电工程地质勘察大纲要求：一般包括概况、工作依据和规范、工作条件要求和任务要求、区域地质勘察、水库区地质勘察、闸坝址地质勘察、输泄水建筑物勘察、天然建筑材料勘察、勘察工作量布置、勘察进度控制、资料提交等。

针对主要地质问题进行详细查明，如覆盖层、潜在滑坡采用物探＋钻探控制、坝址轴线按照地形地貌在河谷、两岸坝顶以上布置控制性钻孔、主要建筑物轴线布置钻孔等。在防渗范围要进行压注水试验、岩样试验、土样试验、颗分试验、剪切试验等。

5.6 进行地质调查和测绘

根据工程任务由粗到细、由区域到具体的工作思路，先根据区域地质资料进行复核、追索，当资料基本完整后，再根据具体任务和建筑物、库区和主要问题进行详细调查，同时完成地质界线绘制、地质剖面的实测等工作。辅助方法可以采用 GPS 或卫星地图、地形图等。

5.7 组织实施外业钻探

基本程序：危险源识别、安全技术交底、钻孔定位、设备进场、岩芯采取、钻孔编录、注水压水试验、样品采取、标记、封装运输、水位量测、钻孔验收、移机至下一钻孔。

压注水试验段一般小于 5 m，上下段应有叠合；钻进时不能采用泥浆护壁，压水前应冲洗钻孔。水位量测应将孔内水位淘至初见水位以下静止 24 h 后量测。

5.8 组织土工岩石试验

针对土、岩所需进行的试验项目均应在标签中注明，同时下达试验委托书。

对料场、坝体填土料等须进行大样试验时须选取有代表性地段进行试验。

要注意对样品的保护，避免冻、热、晒、剧烈震动等。

5.9 项目验收、收尾工作

对所有外业工作检查是否按照纲要执行完成。

对主要的工程地质问题是否查明，是否能够满足评价要求。

对野外的基础资料是否汇编完成，是否影响后期成果出具。

编录、记录、试验、孔位测量、水位测量等相关记录文件是否齐全，请示总工可否完成外业工作。

5.10 室内资料整编

要按照工程实际规模、特点、地质条件，按照《水利水电工程地质勘察资料整编规程》（SL 567—2012）进行编制，然后有的放矢。对重要的、主要的工程地质问题一定要深入分析，给出合理、科学的结论，对有些重大的问题要多咨询，可作为遗留问题或专题去论述。

5.11 项目评审

总工、副总工和项目负责人要主动参加项目评审。

一是可以有机会和更高层次的专家接触，学习经验教训。

二是有利于沟通技术细节，把握重点问题并学习解决思路。

评审完毕以后，要按照专家意见进行修改完善报批。

四、土工试验工作流程与注意事项

1　土工试验准备

土工试验室人员接受样品时,核查送样单及试验委托书,并对样品的个数以及完整性做好登记,做好台账记录,样品以原状样和扰动样进行初步分样,根据我院实际情况,外业钻探包括我院外业队和外来钻探服务公司(不止一家),首先根据试样移交登记表对试样进行分类排序,开土完成后直接对样皮进行分类放置,以便相对应公司取回。样品按试验流程表在室内交接流转,交接时应签字确认。

试样排序,根据项目名称、试样编号、试样深度、对特殊项目进行排序登记,发现重号、书写不清楚等问题及时与项目负责人联系。

开土注意事项:根据委托书试验方法及要求进行压缩样、剪切样(直剪或三轴)、液塑限试验、渗透试验等,针对扰动样进行颗粒分析试验,颗粒分析包括筛分法和密度计法(扰动样试验与原状样试验不分先后)。取大铝盒、环刀法、剪切样,对样品颜色、干湿度、样品以原状样和扰动样进行初步分样开土制样,样品性质进行初步判断登记,称含水湿土重、湿密度重。

2　土的室内试验

2.1　土的物理性质试验

天然密度、含水量、土粒比重、孔隙比、液性指数、塑性指数、液限、塑限、曲率系数、不均匀系数、相对密度、饱和度、黏粒含量。其中土的物理力学指标分两大类:一类是必须通过试验测定的,如含水率、密度和土粒比重,称为直接指标;另一种是根据直接指标换算的,如孔隙比、孔隙率、饱和度等,称为间接指标。通常三相土表示三相相对含量。

2.1.1　直接指标

1. 密度试验

环刀法——环刀、电子天平等。

土的密度定义单位体积土的质量,用 ρ 表示,其单位为 $Mg/m^3(g/cm^3)$。

$$\rho = m/v = (m_s + m_w + m_a)/(V_s + V_w + V_a)$$

对于黏性土,土的密度常用环刀法测定。土的重度亦称为容重,定义为单位体积土的重量,用 γ 表示,单位为 kN/m^3。表达式如下:

$$\gamma = W/V = mg/v = \rho g$$

该试验是测定单位体积的土的质量(称为密度),以便了解土的疏密和干湿状态,用于换算土的其他物理力学指标,进行工程设计及控制施工质量(干密度、孔隙比、饱和度等)。

2. 含水量试验

烘干法——恒温烘箱、电子天平。

土的含水率 W。土的含水率曾称为含水量,定义为土中水的质量与之比,以百分数表示,其表达式为:

$$W = m_w/m_s \times 100\%$$

测定含水率常用的方法是烘干法,先秤出天然湿土的质量,然后放在烘箱中,在 100 ~ 105 ℃常温下烘干,秤得干土质量。

含水量反映了土的状态,含水量的变化将使土的一系列物理力学性质指标也发生变化。这种影响表现在以下各个方面:①反映在土的稠度方面,使土成为坚硬的、可塑的或流动的。②反映在土内水分的饱和程度方面,使土成为稍湿、很湿或饱和的。③反映在土的力学性质方面,使土的结构强度增加或减小,紧密或疏松,构成压缩性及稳定性的变化。

3. 比重试验

比重瓶、恒温水槽、砂浴、天平等。

土粒比重 G_s。土粒比重定义为土粒的质量(重量)与同体积 4 ℃时纯水的质量(或重量)之比(无因次),表达式如下:

$$G_s = m_s/V_s(\rho_w)4\ ℃ = \rho_s/(\rho_w)4\ ℃$$

土粒比重常用比重瓶法测定,事先将比重瓶注满纯水,称瓶加水的质量。然后把烘干土若干克装入该空比重瓶内,再加纯水至满,称瓶加土加水的质量,按下式计算土粒比重:

$$G_s = m_s/(m_1 + m_2 + m_3)$$

比重的大小取决于土粒的矿物成分。天然土含有同矿物组成的土粒,它们的比重一般是不同的。由试验测定的比重值代表整个试样内所有土粒的平均值。砂土的平均比重约为 2.65;黏土的平均比重约为 2.75。若土中含有有机质时,其比重会明显减小。测定土比重,为计算土的孔隙比、饱和度及土的其他物理力学试验(颗粒分析的比重法试验、固结试验等)提供必需的数据。

2.1.2 间接指标

可以通过试验直接测定,利用上述三个基本指标可以换算出以下各个指标。

(1)土的孔隙比 e。土的孔隙比定义为土中孔隙的体积与土粒的体积之比,以小数表示,其表达式为:

$$e = V_v/V_s$$

(2)土的孔隙率 n。土的孔隙率定义为土中孔隙的体积与土的总体积比,或单位体积内孔隙的体积,以百分数表示,其表达式为:$n = V_v/V \times 100\%$,土的孔隙比和孔隙率都是反映土的密实程度的指标。对于同一种土,孔隙比或孔隙率越大表明土越疏松,反之越密实。

(3)土的饱和度 S_r。

$$S_r = V_w/V_v$$

饱和土的饱和度为100%,干土的饱和度为0。干密度 ρ_d 与干重度 γ_d,干密度是单位体积内土粒的质量,表达式为:

$$\rho_d = m_s/V$$

土的干重度是单位体积内土粒的重量,其表达式为:

$$\gamma_d = W_s/V = (m_s \times g)/V = \rho_d \times g$$

注意:土烘干,体积要减小,因而土的干密度不等于烘干的土的密度。

饱和密度、饱和重度、浮密度和浮重度,饱和密度是土中孔隙完全被水充满处于饱和状态时单位体积土的质量。单位体积土的重量称为饱和重度。土在水下,受到浮力作用,其有效重量减小,即有效重度。土的浮密度是单位体积内土粒的质量与同体积水质量之差。

同一种土样各种密度和重度关系:饱和密度大于湿密度大于干密度大于浮密度。

2.1.3 颗粒分析试验

密度计法——甲种密度计。

筛析法——土壤分析筛。

在工程中常用土中各粒组的相对含量占质量的百分数来表示粒径的分布情况,称为粒径级配,这是决定无黏性土工程性质的主要因素,以此作为土的分类定名标准。测定干土中各种粒组占该土总质量的百分数,借以明确颗粒大小分布情况,判断土的组成、级配性质,据此土的分类与概略判断土的工程性质及选料。

颗分有两个目的:一是对碎石土,砂土或粉土进行分类;二是对土的粒径成分的均匀性进行分析。颗分试验中,主要的是水利工程对颗分试验数据的要求,常见的要求提供土体的不均匀系数 C_u,平均粒径 d_{50},限制粒径 d_{60} 或有效粒径 d_{10}。

$$C_u = d_{60}/d_{10}$$

其中，在土的粒径累计曲线上，d_{10}为过筛重量占10%的粒径，d_{60}为过筛重量占60%的粒径。$C_u<5$的土称为匀粒土，级配不良；C_u越大，表示粒组分布越广，$C_u>10$的土级配良好，但C_u过大，表示可能缺失中间粒径，属不连续级配，故需同时用曲率系数来评价。曲率系数则是描述累计曲线整体形状的指标。

$$C_c = (d_{30} \cdot d_{30})/(d_{60} \cdot d_{10})$$

2.1.4 液塑限试验

液、塑限联合测定法——液塑限联合测定仪。

测定土的液限(含水量)，用以计算土的塑性指数和液性指数，作为黏性土所处的软硬状态及估计地基承载力等的重要依据。测定土的塑限，并与液限试验结合计算土的塑性指数和液性指数，作为进行黏性的分类及结合土体的原始孔隙比来评价黏性土地基承载能力的依据。

以含水率为横坐标，圆锥入土深度为纵坐标在双对数坐标纸上绘制关系曲线，三点应在一直线上，当三点不在一直线上时，通过高含水率的点和其余两点连成两条直线，在下沉为2 mm处查得相应的2个含水率，当两个含水率的差值小2%时，应以两点含水率的平均值与高含水率的点连一直线，当两个含水率的差值不小于2%时应重做试验。

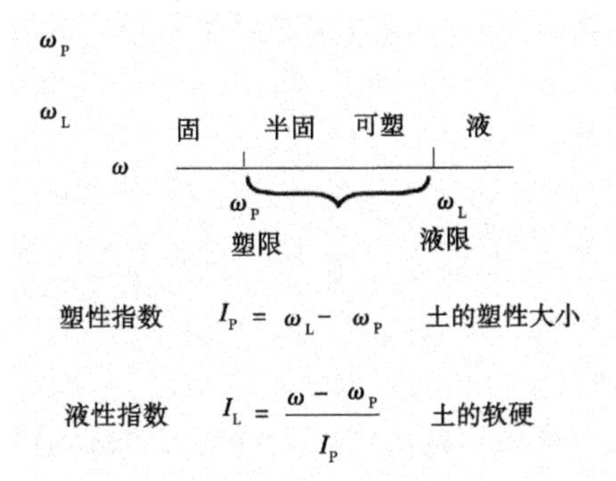

塑性指数应按公式：

$$I_P(\text{塑性指数}) = \omega_L(\text{液限}) - \omega_P(\text{塑限})$$

液性指数应按公式：

$$I_L(\text{液性指数}) = (\omega - \omega_P)/I_P$$

塑性指数表示处在可塑状态时土的含水率变化的幅度。塑性指数愈大，可塑状态含水率变化越大，说明土中的弱吸着水的可能含量越高。塑性指数是反映黏性土性质的一个综合性指标。一般地，塑性指数越高，土的黏粒含量越高，所以常用作黏性土的分类指标。

含水率对黏土的状态有很大影响，但对于不同的土，即使具有相同的含水率，也未必处于同样的状态。黏性土的状态可用也可用液性指数来判断，其定义为：

$$I_L = (\omega - \omega_P) / (\omega_L - \omega_P)$$

2.2 土的力学性能试验

力学性指标：①变形指数：压缩系数、压缩模量、渗透系数、先期固结压力、压缩指数、回弹指数、回弹模量、湿陷系数、自重湿陷系数、湿陷起始压力、自由膨胀率、收缩系数；②强度指标：内摩擦角、黏聚力、无侧限抗压强度、灵敏度。

2.2.1 固结试验

快速固结试验法——全自动气压固结仪。

其目的是测定试样在有侧限与轴向排水及受稳定荷载作用下变形和压力或孔隙比和压力以变形和时间的关系。以便计算土的单位沉降量 S_i、压缩系数 a_v、压缩指数 C_c、回弹指数 C_s、压缩模量 E_s、固结系数 C_v 及不扰动土的先期固结压力 P_c 等。可用来分析、判别土的压缩特性和天然土层的固结状态，计算土工建筑物及地基的沉降，估算区域性的地面沉降等。通过各项压缩性指标，可以分析、判断土的压缩特性和天然土层的固结状态，估算渗透和计算土工建筑物及地基的沉降等。土的固结试验是了解试样在荷载作用下产生变形的过程。

2.2.2 击实试验

当需对土方回填或填筑工程质量进行控制时，应进行击实试验，测定土的干密度与含水量的关系，从而确定出最大干密度和最优含水量。土的干密度所能达到的最大值与含水量有关，能使填土达到最大干密度的含水量即为最优含水量。

本试验分为轻型击实和重型击实。轻型击实试验适用于粒径小于 5 mm 的黏性土。重型击实试验适用于粒径不大于 20 mm 的土。

本试验需要注意轻型与重型的适用范围。

2.2.3 黄土的湿陷

黄土的湿陷性与其物理性质密切相关，按经验，当黄土密度大于 1.8，含水量大于 20%，可按此经验对黄土的湿陷性进行初判，与试验数据进行对比。

$\delta_s < 0.015$ 时，定为非湿陷性黄土。

$\delta_s \geq 0.015$ 时，定为湿陷性黄土。

2.2.4 三轴试验

对于边坡稳定性的判定、软土路基稳定性的判定、基坑稳定性判定、滑坡稳定性验算、支档工程等，需要做剪切试验求 c 和 ψ。只要是对于稳定性，大都需要这个。

三轴试验可分为三种：不固结不排水 UU、固结不排水 CU、固结排水 CD。

适用范围：

(1)不固结不排水剪 UU(Unconsolidation Undrained)。试样在施加周围压力和随后施加轴向压力直至剪坏的整个试验过程中都不允许排水，这样从开始加压直至试样剪坏，土中的含水量始终保持不变，孔隙水压力也不可能消散，可以测得总应力抗剪强度指标 c_u、φ_u。UU 适用于工期短，排水条件差的地层，如一般的工民建项目。

(2)固结不排水剪 CU(Consolidation Undrained)。试样在施加周围压力时，允许试样充分排水，待固结稳定后，再在不排水的条件下施加轴向压力，直至试样剪切破坏，同时在受剪过程中测定土体的孔隙水压力，可以测得总应力抗剪强度指标 c_{cu}、φ_{cu}和有效应力抗剪强度指标 c'、φ'。CU 适用于工期长，排水条件较好的地层，如地铁、超高层建筑物。

(3)固结排水剪 CD(Consolidation Drained)。试样先在周围压力下排水固结，然后允许试样在充分排水的条件下增加轴向压力直至破坏，同时在试验过程中测读排水量以计算试样体积变化，可以测得有效应力抗剪强度指标 c_d、φ_d。CD 适用于工期很长，排水一般的地层，如大型水利工程。

2.2.5 直接剪切试验

在直剪仪中分别施加不同竖向压力，然后分别施加水平剪切力进行剪切，求得破坏时的剪应力 τ，根据库仑定律确定土的抗剪强度参数：内摩擦角 φ 和黏聚力 c。快剪 - 12 r/min，慢剪 - 6 r/min。

试验方法分三种：

(1)快剪 Q(Quick shear)：在试样上施加垂直压力后，立即加水平剪切力。在整个试验中，不允许试样的原始含水率有所改变(试样两端敷以隔水纸)，即在试验过程中孔隙水压力保持不变(3 ~ 5 min 内剪坏)。

对透水性强的土(渗透系数大于 10^{-6} cm/s)不适用。

(2)固结快剪 CQ(Consolidation Quick shear)：在垂直压力下土样完全排水固结稳定后，以很快的速度施加水平剪力。在剪切过程中不允许排水(规定在 3 ~ 5 min 内剪坏)。

得到的强度指标适用于总应力法。

(3)慢剪 S(Slow shear):在加垂直荷重后,使其充分排水(试样两端敷以滤纸),在土样达到完全固结时,再加水平剪力;每加一次水平剪力后,均需经过一段时间,待土样因剪切引起的孔隙水压力完全消失后,再继续加下一次水平剪力。

得到的强度指标适用于有效应力法。

上述三种试验方法的受力条件不同,所得抗剪强度值也不同。因此,必须根据土所处的实际应力情况来选择试验方法。

2.2.6 渗透试验

土的渗透试验分为室内和室外两种:室外一般为现场压水试验和注水试验;室内分为常水头和变水头法。常水头适用于粗粒土(砂土和碎石土),变水头适用于细粒土(粉土和黏性土)。两种方法的计算方法也不同,常水头法采用达西定律,变水头采用积分推导。

渗透试验应注意软土的试验方法,对于透水低的软土,宜根据固结试验确定固结系数,体积压缩系数、计算渗透系数。土的渗透系数的最终取值应与野外现场压水试验或注水试验成果对比后取值。

2.2.7 膨胀试验

膨胀试验应测定下列指标:自由膨胀率;一定压力下的膨胀率;收缩系数;膨胀力。

膨胀土是黏性土遇水而产生的内应力,伴随此力的解除,土体发生膨胀,从而使土基上建筑物或者路面等受到损害。根据实测,当不允许土体发生膨胀时,有些黏质土的膨胀力可达 1 600 kPa,所以对膨胀力的测定是有现实意义的,室内测定膨胀力试验是以外力平衡内力的方法,即加荷平衡法进行。本试验适用于不扰动土和击实黏土。

试样制备应按不扰动土试样制备或扰动土试样制备的步骤进行。试样安装应按固结试验试样安装的步骤进行,并自下而上向容器注入纯水,并保持水面高出试样顶面。百分表开始顺时针转动时,表明试样开始膨胀,立即施加适当的平衡荷载,使百分表指针回到原位。当施加的荷载足以使仪器产生变形时,在施加下一级平衡荷载时,百分表指针应逆时针转动一个等于仪器变形量的数值。当试样在某级荷载下间隔 2 h 不再膨胀时,则试样在该荷载下达到稳定,允许膨胀量不应大于 0.01 mm,记录施加的平衡荷载。试验结束后,吸去容器内的水,卸除荷载,取出试样,称试样质量,并测定含水率。

膨胀力计算公式:

$$P_e = kW/A \times 10$$

式中　P_e——膨胀力,kPa;

　　W——施加在试样上的总平衡荷载,N;

　　A——试样面积,cm^2;

　　k——压缩仪杠杆比;

　　10——单位换算系数。

为保证加荷准确,用盛砂桶代替砝码和吊盘。当百分表向顺时针方向转动时,应立即向盛砂桶内徐徐加入纯粗砂或铁砂,使百分表读数回到初读数。加砂时动作要稳,避免碰撞冲击。

以上各项试验都要认真进行记录、签署并上交记录。

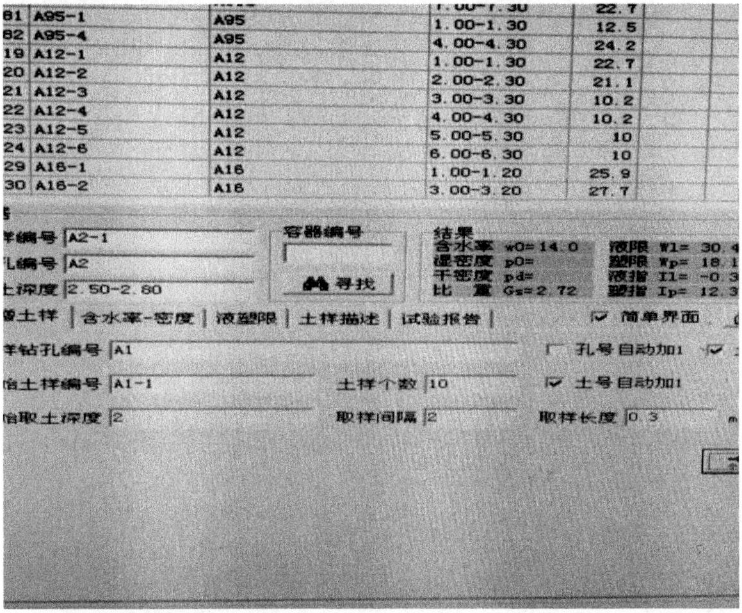

81	A95-1	A95	1.00-1.30	12.5
82	A95-4	A95	4.00-4.30	24.2
19	A12-1	A12	1.00-1.30	22.7
20	A12-2	A12	2.00-2.30	21.1
21	A12-3	A12	3.00-3.30	10.2
22	A12-4	A12	4.00-4.30	10.2
23	A12-5	A12	5.00-5.30	10
24	A12-6	A12	6.00-6.30	10
29	A16-1	A16	1.00-1.20	25.9
30	A16-2	A16	3.00-3.20	27.7

样编号 A2-1
孔编号 A2
土深度 2.50-2.80
容器编号
寻找
结果
含水率 w0=14.0　液限 Wl= 30.4
湿密度 ρ0=　塑限 Wp= 18.1
干密度 ρd=　液指 Il= -0.3
比　重 Gs=2.72　塑指 Ip= 12.3
土样 | 含水率-密度 | 液塑限 | 土样描述 | 试验报告 |　简单界面
样钻孔编号 A1　孔号自动加1
始土样编号 A1-1　土样个数 10　土号自动加1
始取土深度 2　取样间隔 2　取样长度 0.3

3　数据录入并根据勘察设计要求对数据进行分析及处理

注:输入孔号后再输入土样编号,土样个数,初始取土深度,每个土样的取样间隔,取样长度。再按自动批量生成。

切换简单界面到含水率-密度菜单,输入“1”直接到湿密度,敲入湿土质量和干土质量得出含水量,含水率试验两次测定的平行差值不能超过允许值,如超过就应重新复核称重。输入“2”直接到体积为 30 mm^3 的环刀的试样的湿密度值上。

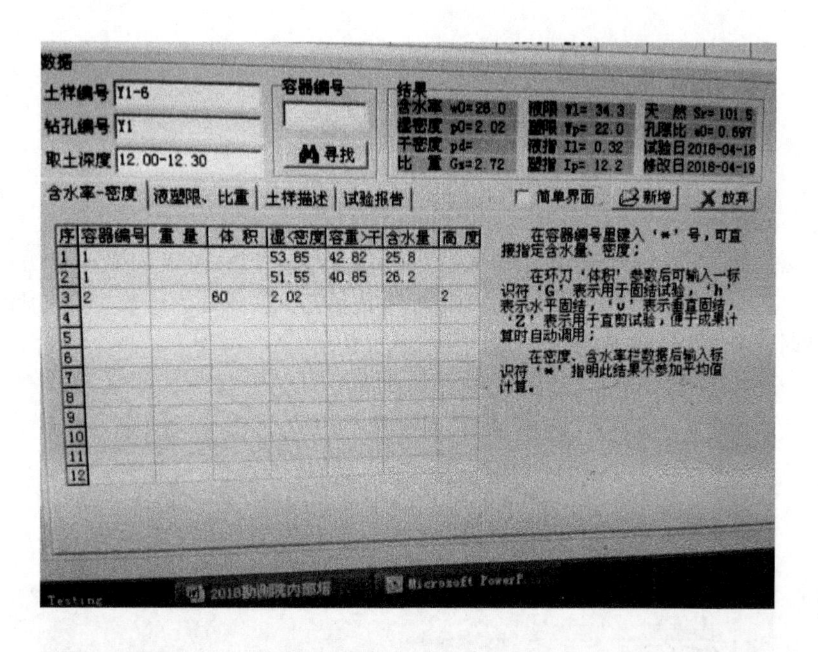

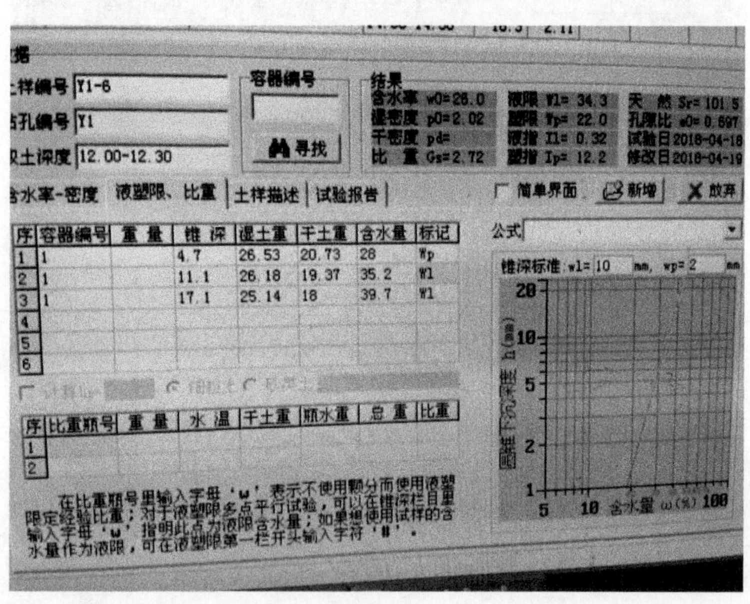

切换简单界面到“液塑限、比重菜单”，输入“1”直接到锥深，敲入圆锥下沉深度、湿土质量、干土质量，直接得出含水量，下方的第二行、第三行和第一

行的操作一样,如果液塑限试验含水率差值超过2%,应进行修正。修正的方法有:①对相应的土样盒号进行重新复核称重;②如重新称重后,盒重量没有误差,就要把自已估计的塑性指数数值与切土记录描述情况相结合进行修正。

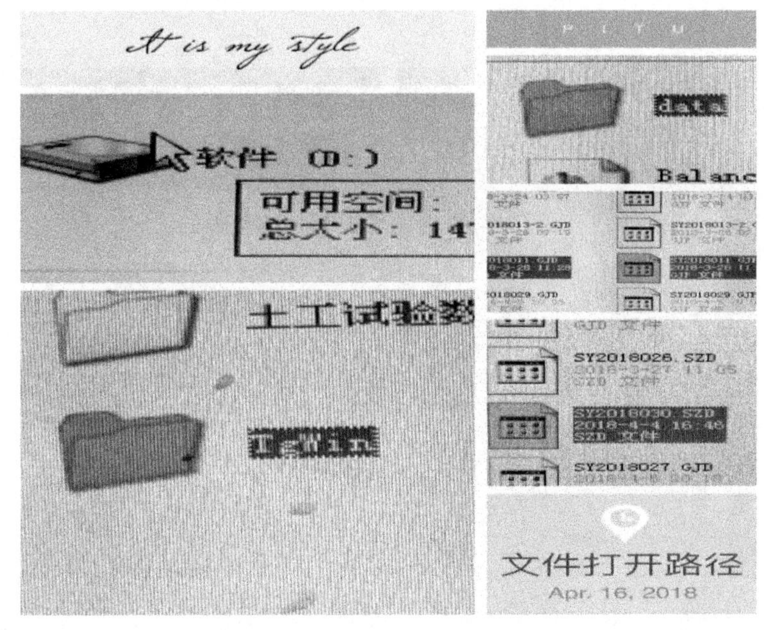

先看左图:对于原始数据曲线,我们一般都不去修正,这是比较好的 $e \sim p$ 曲线。再看右图:这个曲线也是正常的曲线,它是有湿限性的 $e \sim p$ 曲线,如果它的基本数据参数满足湿限土的要求(含水小、湿密度小、孔隙比大),我们就判定它为湿限性黄土。

左侧图片为颗粒分析中的比重计法,“<2 mm 筛所用于质量为30”,“比重计号为298”,“量筒编号为1~28”,在下沉时间内输入0.5 min、1 min、2 min、5 min、30 min、60 min、120 min、1 440 min 的数据,在悬液温度内输入每个时段的温度,在比重计计数内输入相应的读数,最后点击应用,颗粒大小分配曲线就形成。

右图为颗粒分析中的筛分法,在筛孔直径内输入相应的筛孔径大小,然后在留筛土重内输入相应的土样重量,最后点击应用,颗粒大小分配曲线就形成了。

对于三轴(不固结不排水)和固结试验的导入法是一样的。

如何判断三轴的内摩擦角和黏聚力是否正确,要看它是否满足粉土和粉

It's our secret.

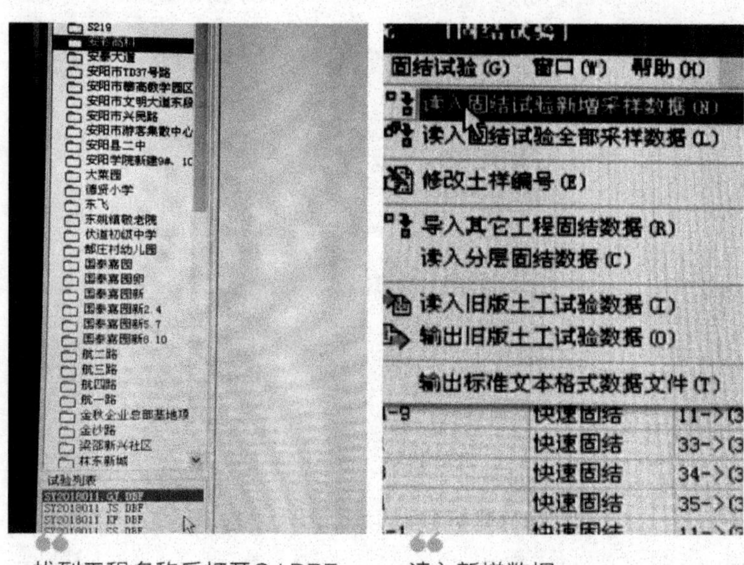

找到工程名称后打开GJ.DBF　　读入新增数据

PITU
2018/04/16

质黏土关于三轴的内摩擦角和黏聚力大小的要求。粉土和粉质黏土的黏聚力正好相反,粉土的黏聚力小,粉质黏土的黏聚力大,黏土就更大。而对于粉土和粉质黏土的内摩擦角来说,也是相反的,粉土的内摩擦角大,粉质黏土的内摩擦角小。这是最基本的判断方法,以后我们在工作中还要得到更多、更实用的方法。

这是击实试验的数据处理,先输入土粒比重,在右侧栏里输入“1”进入体积为947(小击实筒)的数据处理中,输入筒质量后再输入总质量直接得出干土质量和湿密度。在下方表格中输入“1”后进入5个不同含水土样的湿土和干土质量得出含水率。点击“应用”后得出关系曲线和相应的最优含水率和最大干密度值。看看有没有峰值,如果没有峰值还要补做土样。

It's our secret.

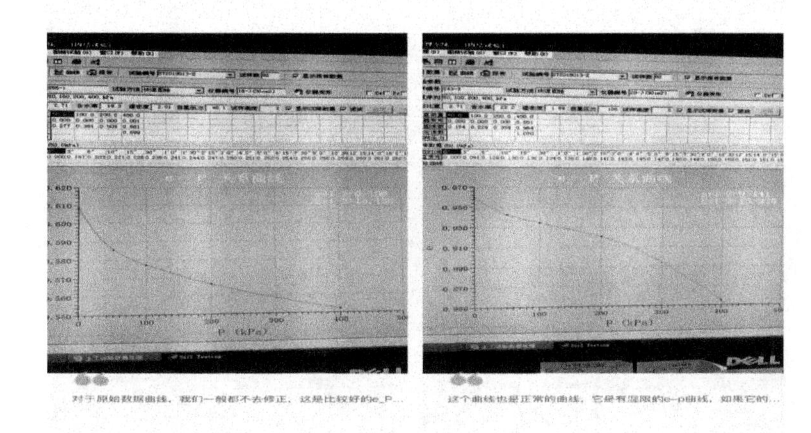

PITU
2018/04/16

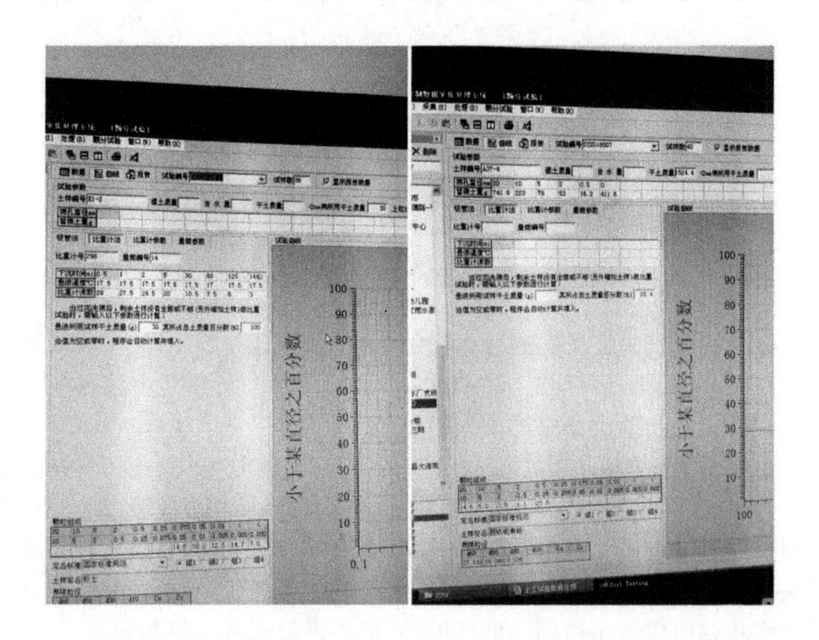

这是渗透试验，首先在试验高度中输入“4”，试验面积为“30”，标准温度为“20”，在下方的数据栏中输入5次土样的经过时间、开始水头、终了水头、平均水温的数据后得出相应的渗透系数值（允许差值不大于2×10^{-n}）。判断

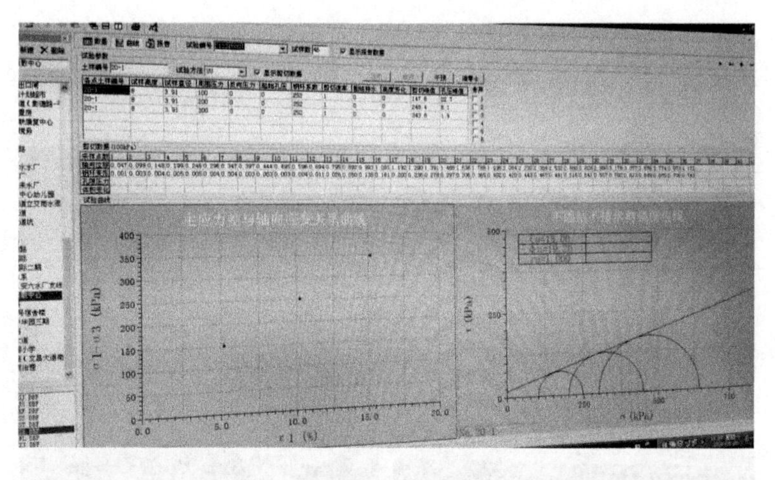

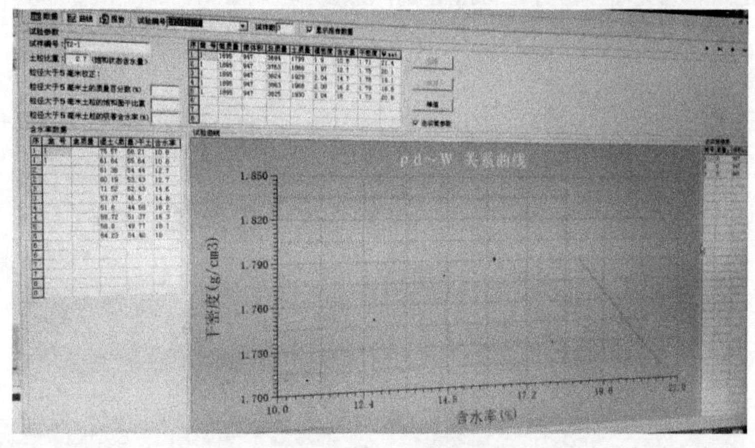

渗透系数是否正确先要看它是什么样的土,是粉土还是粉质黏土,再看这个土的孔隙比大小,如果孔隙比大,说明这个土的渗透性大,反之小。再根据渗透系数的相关的经验值大小来再次核定。

汇总完试验数据后:①“按当前列排序”,钻孔编号要从小到大排列;②首先要看土样定名是否完整,如果有欠缺的要马上查看原由;③看每个土样是否是有湿密度而没有压缩数据,或有压缩数据而没有湿密度数据;④土样数据之间的关系是否匹配,如孔隙比是密实状态而压缩系数则是高压缩性,反之孔隙比是稍密状态而压缩系数则是低压缩性,这些现象都是有问题的。

汇总、校核完数据后点击“打印机”图标进入左侧图片,调整好页面设置、横向比例和纵向比例的大小后点击“存成图片”,关闭该窗口后在“成果总表”内点击“输出理正格式 8.5 及以后版本数据”,这是该数据的接口。最后到 D

盘里查找到该工程名称文件，通过一拖或飞秋传送给该工程的项目经理。

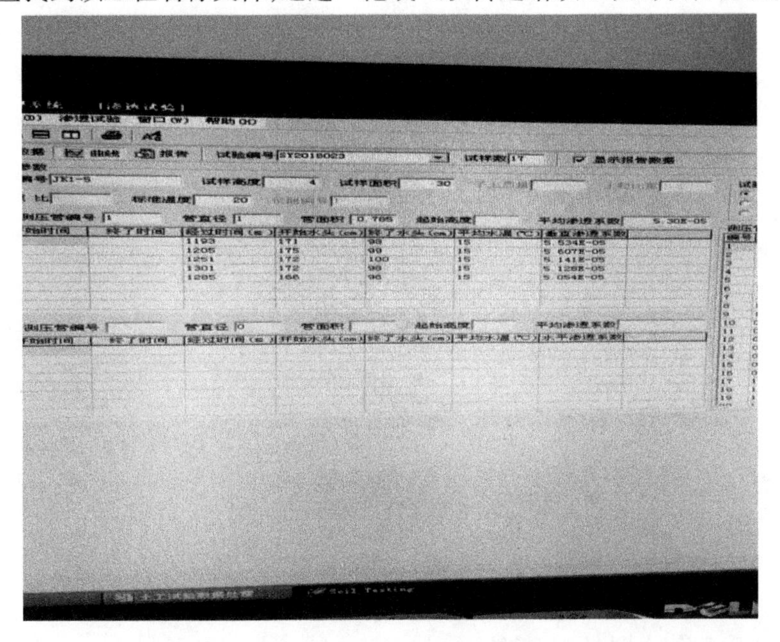

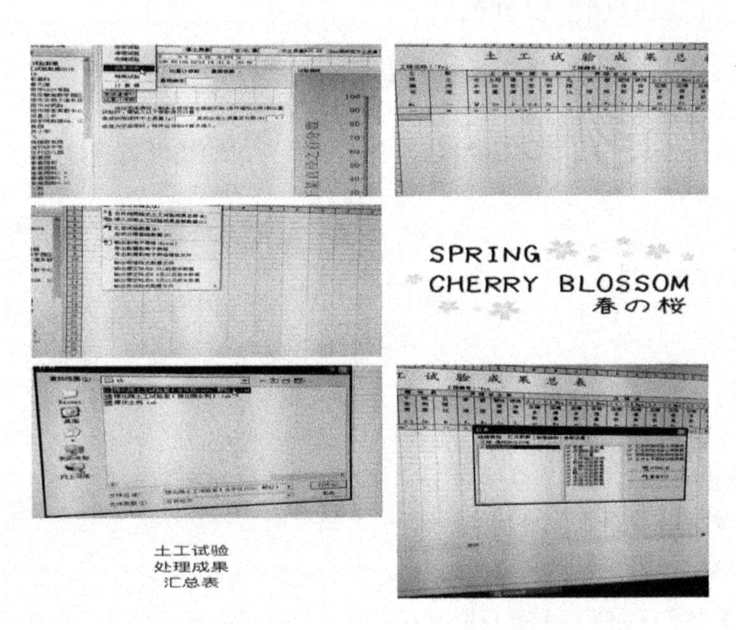

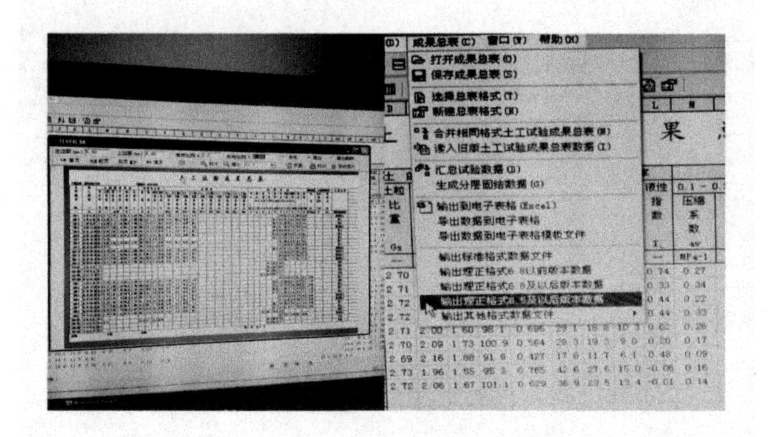

生成图片和输出接口
然后到D盘里查找

4　土工试验数据的校审核

目的:一是查漏补缺,二是判别异常数据。

判别异常数据的一些方法:

(1)曲线排除法,如固结曲线、直剪曲线。通过曲线可直观地判断出数据的异常。

(2)与经验数据对比。如某数据偏离该数据经验范围,应判别为异常数据,并应查找异常原因。

(3)相近指标,不同参数之间的数据对比。e 与 E 可相互对比,如某一土样孔隙比显示为中密状态,但固结显示为高压缩或低缩性土,便是自相矛盾,应判为异常数据,并查找原因。

(4)与土样本身对比。切土时,应对土样本身的力学特性进行详细的描述,对数据有异常的可与描述对比,误差较大时,应判别为异常数据。

试验中不合理数据进行分析研究,有条件时应进行一定的补充试验,可决定对可疑数据的取舍或改正。

5　成果装订成册进行归档

试验人员先对成果按要求进行排序、签署、校对,再附上该工程项目的封面、成果移交表、土工试验通知单、外业土样移交单并装订成册,最后进行归档。

五、验槽工作流程与注意事项

验槽工作,尤其是岩土专业的技术人员验槽细致与否,是关系到整个建筑安全的关键。每一位工程技术人员,对每一个基槽,都应做到慎之又慎,决不能出现任何疏忽,不能放过任何蛛丝马迹。在建筑施工时,对安全要求为二级和二级以上的建筑物必须施工验槽。验槽时一般应按下列方法、步骤进行。

1 验槽必备条件

(1)勘察、设计、质监、监理、施工及建设方有关负责人员及技术人员到场。

(2)附有基础平面和结构总说明的施工图阶段的结构图。

(3)详勘阶段的岩土工程勘察报告。

(4)开挖完毕、槽底无浮土、松土(若分段开挖,则每段条件相同),条件良好的基槽。

2 无法验槽的情况

有下列条件之一者,不能达到验槽的基本要求,无法验槽。

(1)基槽底面与设计标高相差太大。

(2)基槽底面坡度较大,高差悬殊。

(3)槽底有明显的机械车辙痕迹,槽底土扰动明显。

(4)槽底有明显的机械开挖、未加人工清除的沟槽、铲齿痕迹。

(5)现场没有详勘阶段的岩土工程勘察报告或附有结构设计总说明的施工图阶段的图纸。

3 验槽前的准备工作

(1)察看结构说明和地质勘察报告,对比结构设计所用的地基承载力、持力层与报告所提供的是否相同。

(2)询问、察看建筑位置是否与勘察范围相符。

(3)察看场地内是否有软弱下卧层。

(4)场地是否为特别的不均匀场地、勘察方要求进行特别处理的情况;而设计方没有进行处理。

(5)要求建设方提供场地内是否有地下管线和相应的地下设施。

(6)场地是否处于采空影响区而未采取相应的地基、结构措施。

4 推迟验槽的情况

有下列情况之一时应推迟验槽或请设计方说明情况：

(1)设计所使用承载力和持力层与勘察报告提供内容不符。

(2)场地内有软弱下卧层而设计方未说明相应的原因。

(3)场地为不均匀场地，勘察方需要进行地基处理而设计方未进行处理。

5 浅基础的验槽

深、浅基坑的划分，在我国目前还没有统一的标准。一般就建筑物来说，浅基础是指埋深小于基础宽度的或小于一定深度的基础，国外建议把深度超过6 m(20 ft)的基坑定为深基坑，国内有些地区建议把深度超过5 m的基坑定为深基坑。本文采用此种方法，即基础埋深小，基础宽度、深度小于5 m的基坑为浅基坑。

一般情况下，除质控填土外，填土不宜作持力层使用，也不允许新近沉积土和一般黏性土共同作持力层使用。因此，浅基础的验槽应着重注意以下几种情况：

(1)场地内是否有填土和新近沉积土。

(2)槽壁、槽底岩土的颜色与周围土质颜色不同或有深浅变化。

(3)局部含水量与其他部位有差异。

(4)场地内是否有条带状、圆形、弧形(槽壁)异常带。

(5)是否有因雨、雪、天寒等情况使基底岩土的性质发生了变化。

(6)场地内是否有被扰动的岩土。

(7)填土的识别：

①土内无杂物，但也无节理面、层理、孔隙等原状结构。

②局部土体颜色与槽内其他部位不同，有可能是在颜色较浅部位的填土颜色较深，也可能是深色部位填土的颜色较浅。

③包含物与其他部位不同，以黏性土为主的素填土主要表现在钙质结核的含量与其他部位的明显差异上。

④土内含有木炭屑、煤渣、砖瓦、陶瓷碎片、碎石屑等人类活动遗迹(尤其是木炭屑应仔细辨认)。

⑤土内含有孔隙、白色菌丝体等原生产物，仿佛是原状土，但孔隙大而乱，排列无规则，土质松散。

⑥以粗粒土为主要场地，主要表现在矿物成分与其他部位有所差异，粒径差异明显，充填物的不同等。

⑦所含钙质结核是否光洁，是否为次生或再搬运所致。

(8)新近沉积土的识别：

新近沉积土具有承载力低、变形大、有湿陷性等特点(在大部分情况下，其力学性质不如沉积时间10年以上的素填土)，可能会产生较大的不均匀沉降，对建筑物有较大的危害。但在勘察工作中，由于孔内取土的限制，有时不能全部辨认出，在基础验槽时应特别加以注意。

①堆积环境：主要存在于土、岩丘的坡脚和斜坡后缘，冲沟两侧及沟口处的洪积扇和山前坡积地带，河道拐弯处的内侧，河漫滩及低阶地，山间凹地的表部，平原上被淹埋的池沼洼地和冲沟内。

②颜色：一般表现为灰黄、黄褐、棕褐，常相杂或相间。

③结构：土质不均、松散，大孔排列杂乱。常混有岩性不一的土块，多虫孔和植物根孔。锹挖容易。

④包含物：常含有机质，斑状或条带状氧化铁；有的混砂、砾或岩石碎屑；有的混有砖瓦陶瓷碎片或朽木片等人类活动的遗物，在大孔壁上常有白色钙质粉末。在深色土中，白色物呈菌丝状或条纹状分布；在浅色土中，白色物呈星点状分布，有时混钙质结核，呈零星分布。

(9)地基基础应尽量避免在雨季施工。无法避开时，应采取必要的措施防止地面水和雨水进入槽内，槽内水应及时排出，使基槽保持无水状态，水浸部分应全部清除。

(10)严禁局部超挖后用虚土回填。

(11)本地区季节性冻土的冻深为0.40 m，因此基础埋深从自然地面起不得小于0.40 m。

(12)当建筑场地为耕地(草地)时，一般耕土深度在0.6～0.7 m，因此基础埋深不得小于0.70 m。

6 深基础的验槽

就建筑物来说，深基础是指基础埋深大于其整体宽度且超过5 m的基础(包括桩基、沉井、沉管、管柱架等形式)。本文深基础指当基坑深度超过5 m(含5 m)时所对应的基础。

当用深基础时,一般情况下出现填土的可能性不大,此时应着重查明下列情况:

(1)基槽开挖后,地质情况与原提供地质报告是否相符。

(2)场地内是否有新近沉积土。

(3)是否有因雨、雪、天寒等情况使基底岩土的性质发生了变化。

(4)边坡是否稳定。

(5)场地内是否有被扰动的岩土。

(6)地基基础应尽量避免在雨季施工。无法避开时,应采取必要的措施防止地面水和雨水进入槽内,槽内水应及时排出,使基槽保持无水状态,水浸部分应全部清除。

(7)严禁局部超挖后用虚土回填。

7　复合地基(人工地基)的验槽

复合地基是指采用人工处理后的,基础不与地基土发生直接作用或仅发生部分直接作用的地基,与天然地基相对应。包括用换土垫层、强夯法、各种预压法(先期固结)、灌浆法、振冲桩法、挤密桩法处理等。

复合地基的验槽,应在地基处理之前或之间、之后进行,主要有以下几种情况:

(1)对换土垫层,应在进行垫层施工之前进行,根据基坑深度的不同,分别按深、浅基础的验槽进行。经检验符合有关要求后,才能进行下一步施工。

(2)对各种复合桩基,应在施工之中进行。主要为查明桩端是否达到预定的地层。

(3)对各种采用预压法、压密、挤密、振密的复合地基,主要是用试验方法(室内土工试验、现场原位测试)来确定是否达到设计要求。

8　桩基的验槽

对桩基的验槽,主要有以下两种情况:

(1)机械成孔的桩基,应在施工中进行。干施工时,应判明桩端是否进入预定的桩端持力层;泥浆钻进时,应从井口返浆中,获取新带上的岩屑,仔细判断,认真判明是否已达到预定的桩端持力层。

(2)人工成孔桩,应在桩孔清理完毕后进行。

①对摩擦桩,应主要检验桩长。

②对端承桩,应主要查明桩端进入持力层长度、桩端直径。

③在混凝土浇灌之前,应清净桩底松散岩土和桩壁松动岩土。

④检验桩身的垂直度。

⑤对大直径桩,特别是以端承为主的大直径桩,必须做到每桩必验。检验的重点是桩端进入持力层的深度、桩端直径等。

桩端全断面进入持力层的深度应符合下列要求:对于黏性土、粉土不宜小于2 d,砂土不宜小于1.5 d,碎石土类不宜小于1 d;季节冻土和膨胀土,应超过大气影响急剧深度并通过抗拔稳定性验算,且不得小于4倍桩径及1倍扩大端直径,最小深度应大于1.5 m。对岩面较为平整且上覆土层较厚的嵌岩桩,嵌岩深度宜采用0.2 d或不小于0.2 m。

桩进入液化层以下稳定土层中的长度(不包括桩尖部分)应按计算确定,对于黏性土、粉土不宜小于2 d,砂土类不宜小于1.5 d,碎石土类不宜小于1 d,且对碎石土、砾、粗、中砂,密实粉土,坚硬黏土尚不应小于500 mm,对其他非岩类土尚不应小于1.5 m。

9 施工勘察

有下列情况之一时,应要求施工单位进行施工勘察和监测:

(1)基槽开挖后,岩土条件与原勘察资料不符。

(2)在地基处理及深基坑开挖施工中。

(3)地基中溶洞或土洞、地裂缝较发育,应查明并提出处理建议。

(4)施工中出现有边坡失稳危险。

(5)场地内有湿陷性、膨胀性、土岩组合岩土等特殊性岩土时。

(6)对湿陷性岩土场地,尚应对建筑物周围3~5 m范围内进行探查和处理。

10 局部不良地基的处理方法

(1)验槽时,基槽内常有填土出现,处理时,应根据填土的范围、厚度和周围岩土性质分别对待。

①当填土面积、厚度较大时,一般不建议用灰土进行局部处理,尤其是周围岩土的力学性质较差时,因灰土的力学性质与周围岩土的力学性质差异太大,极易引起建筑物的不均匀沉降而对建筑物造成损坏(具体情况,可根据与灰土垫层处于同一位置的岩土的压缩特性、建筑物的抗变形能力等通过计算沉降量确定。灰土的压缩模量可取 $E_s=30$ MPa)。此时,宜用砂石、碎石垫层等柔性垫层或素填土进行处理;或在局部用灰土处理后,再全部做300~500

mm 厚的相同材料的垫层进行处理。

②基槽内有小面积、且深度不大的填土时,可用灰土或素土进行处理。

(2)当基槽内有水井时,一般情况下不可能把填土清到底并逐步放台处理。对与废弃的水井,可以对主要压缩层内采用换土处理后用过梁跨过;仍可使用或仍需使用的水井,且水位变化幅度在坚硬岩土层内时,可用加大基础面积、改变局部基础形式的方法,并用梁跨过。

(3)对于扰动土,无论是被压密的还是已被剪切坡坏的(俗称橡皮土),均应全部清除,用换填法进行处理。

(4)对经过长时间压密的老路基应全部清除,老建(构)筑物的三七灰土基础、毛石基础及坚硬垫层,原则上应全部清除,若不能全部清除的,按土岩组合地基处理。

(5)当机械施工时,对硬塑——坚硬状松散黏性土和粗粒土,应预留 300 mm 左右用人工开挖,对含水量较高(可塑以下)的黏性土和粉土,应最少预留 500 mm 用人工开挖,严禁基槽土被扰动。

(6)冬季施工,当基槽施工完毕后当天不能进行下一步施工的,本地区应虚铺 200 ~ 400 mm 厚的黏性土以防被冻。若出现基槽岩土被冻的情况,所有冻土应全部清除,换填处理。

(7)被雨、雪及其他水浸泡的黏性土地基,水浸部分应全部清除,换填处理。

(8)基底为黏性土时,应禁止被暴晒。若因被暴晒而龟裂的槽底岩土,应全部清除。

(9)若在安全距离之内有老建筑物,当未采取支护措施时,基槽应分段施工。

11　本地区特殊性岩土应采取的地基和防水措施

当基础持力层为特殊性岩土时,应根据不同情况分别对待。

11.1　**膨胀岩土**

对膨胀类岩土,本区大气影响深度为 5 m,大气急剧影响深度为 2.25 m。因此,较重要的建筑物,当未采取地基处理措施时,基础埋深不得小于 2.25 m(自然地面以下)。

(1)以宽散水为主要防治措施时,散水宽度在Ⅰ级场地为 2 m,在Ⅱ级场地为 3 m 时,基础埋深可取 1 m。

(2)一般建筑物,在平坦场地上的Ⅰ级膨胀性岩土,可铺设厚度不小于

300 mm 的碎石、砂石等柔性垫层，其宽度不应小于基础宽度，且宜采用与垫层相同的材料回填，并做好防水处理。

(3)散水下宜设 100～300 mm 厚的灰土垫层，宽度不应小于 1.2 m，且外缘应超出散水宽度 300 mm，坡度不小于 0.03～0.05。

(4)一般不采用外廊式结构。当使用外廊式结构时，应采用悬挑式结构，不得采用外柱。

(5)临时水池、淋灰池、搅拌站、防洪沟等距基础外墙净距不得小于 10 m，临时生活设施、临时建筑物距基础外墙不得小于 15 m。

(6)上、下水管道应采取防水措施，且距基础外墙距离不得小于 3 m。

(7)散水外宜种植草坪，4 m 内可选用低矮的、蒸腾量小的植物(如花木、果树、松、柏等针叶树木)。若周围有蒸腾量大的阔叶树木和速生树种，应设置灰土隔离沟，沟与建筑物距离不得小于 5 m。

(8)基础施工宜使用分段快速法。严禁暴晒、淋雨。

(9)平整后的场地，在建筑物周围 2.5 m 范围内，坡度不得小于 0.02。

11.2 土岩组合地基

对于土岩组合地基，当岩间土间距小于 2 m，且为硬塑、坚硬的黏性土和密实的砂土、碎石土时，可用基础梁跨过；当岩石间的土力学性质较差时，应采用基础下加桩或墩的形式处理。对于直接出露的岩石(大块孤石)，应凿去顶部的一部分，在基础下用厚度不小于 300 mm 的柔性垫层处理。

11.3 湿陷性岩土

对于湿陷性岩土，应采取下列措施以免地基受到破坏：

(1)各级湿陷性岩土地基上的乙类建筑，必须进行地基处理；Ⅰ级湿陷性岩土上的丙类建筑可不处理地基，但应采取结构措施和基本防水措施。当地基内的总湿陷量不大于 5 cm 时，各类建筑均可按非湿陷性地基进行设计。

(2)建筑物周围必须做散水，其横向坡度不得小于 0.05 m，外檐应高于平整后的场地；散水宽度，当檐高在 8 m 以下时，应为 1～1.5 m，檐高在 8 m 以上时，每增高 4 m，可增宽 25 cm，但宽度一般不大于 2.5 m；散水与墙体接缝要严密，不得漏水。

(3)建筑物周围 6 m 内，场地平整后的坡度不得小于 0.02；6 m 以外不得小于 0.005。未采取排水措施或用路面排水时，整个场地纵向坡度不得小于 0.005。

(4)各类埋地管道、排水管道距建筑物的最小距离：

	乙类建筑	丙类建筑	丁类建筑
Ⅰ级场地	5 m	4 m	4
Ⅱ级场地	6 ~ 7 m	5 m	5 m

(5)自重湿陷性岩土,专场表面宜设置15 ~ 30 cm厚的灰土垫层;散水应采用现浇混凝土,且应设置15 ~ 30 cm厚的灰土垫层,垫层外缘应超出散水50 cm。

(6)施基槽内严禁进水。防洪沟、水池、淋灰池距建筑物基础外墙,Ⅰ级场地不得小于12 m,Ⅱ级场地不得小于25 m;搅拌站距基础不得小于10 m,并做好防水措施;给水管道与墙的距离,Ⅰ级场地不宜小于7 m,Ⅱ级场地不宜小于10 m;Ⅰ级场地取土坑距基槽不得小于12 m,Ⅱ级场地取土坑距基槽不宜小于25 m。

(7)槽内挖出的土宜在槽边堆成土堤,距槽边距离不宜小于1 m。

11.4 污染土

污染土是指地基土由于受到工厂的生产过程中所排放的废渣、废液的渗入,引起地基土发生化学变化,使其物理、力学性质均发生了不利变化,或(且)有可能对建(构)筑物基础产生不利的影响。污染土在本区也有出现。

11.4.1 污染土的防治与处理要求

(1)对可能受污染的场地,当土与污染物相互作用将产生有害影响时,应采取防止污染物侵入场地的措施,如隔离污染源、消除污染物等。

(2)对已污染的场地,当污染土强度降低,或对基础和建筑物相邻构件具有腐蚀性等其他有害影响时,应按污染等级分别进行处理。

(3)对污染土进行处理时,应考虑污染作用的发展趋势。

(4)污染土场地完成建设或整治后,应定期监测污染源的污染扩散、场地内的土和污染物的相互作用发展等情况。

11.4.2 污染土的防治处理措施

(1)换土措施,将已被污染的土清除,换填未污染土,或采用耐污染的砂或砾做回填材料,并对挖出来的污染土及时处理。

(2)采用桩基或水泥搅拌桩等加固以穿透污染层,且应对混凝土桩身采取防护措施。

(3)在金属结构物的表面用涂料层与腐蚀介质隔离的方法进行防护。

(4)采取防护措施,尽量减少腐蚀介质泄漏到地基中去,使地基土的腐蚀减少到最低限度。

(5)根据土质情况,采取适用的地基加固措施和防止再次污染措施。

第二章　工作模板及工作方案

一、项目成本核算编制模板

项目名称
项目成本核算模板

完成部门：
主管副总：
部门负责：
项目负责：

年　月　日

目　录

一、项目概况

1.1 项目概况

本节主要说明项目的规模、主要建设内容、必要性等。

1.2 项目承接方式及费用构成

本节主要说明我公司承接项目的方式或项目来源，如招标投标、直接委托、分院委托、合作等。

费用构成：包含的费用种类及分项费用：测量、勘察、基坑设计、地基处理、施工图、建议书、可研报告编制、初步设计编制、咨询等1项或多项。

完成方式：独立完成、合作完成、合作的具体内容及分配原则等。

1.3 项目合同及相关文件

本节主要说明合同或协议、框架的数量、主要约定内容、支付方式以及协议的性质等。

1.4 项目进度情况

本节主要说明该项目自承接以来各个节点的时间、投入人员、评审等情况。

按照“六个弄清、八个所有”要求对项目进行逐项分析研判，预估存在的不确定性或重大风险。

在后续工作中需要注意的事项、下一步开展工作的思路方法和解决方案。

1.5 本项目的到账情况

截至目前，到账时间、金额、累计金额等。

二、成本核算

2.1 直接人员支出成本

2.1.1 以参与项目人员应发工资为基数，包括养老保险、医疗保险、生育保险、工伤保险、失业保险、公积金、企业年金等社保公司缴纳部分。

2.1.2 意外伤害保险、工会经费、带薪休假、职务津贴、执业补助、工地补助、交通补助、通信补助、福利、劳保、工装、体检费、取暖补贴、降温补贴等福利保险杂项。

2.2 经营目标成本核算

2.2.1 项目发生年度、历史各年度的经营目标总额。

2.2.2 科室人员总数、增值税、企业所得税等。

2.3 材料、专家费、劳务、差旅等支出

包括除基本工资之外的所有现金费用总和。包括招标投标费、代理费、履约保证金、合作费、劳务费用、试验费、专家费、材料费、差旅费、协作费和项目组项目费等。

2.4 预计后期成本核算

考虑项目后续阶段的勘测设计服务、设代服务、评审、补充工作等产生的营业成本、服务成本和直接成本及工程延期产生的利率及垫付费用产生的成本进行估算,合计为:×××万元。

综合上述三项+复利,截止××××年××月成本总额为×××万元。预计后期成本为×××万元。

详见附件成本核算计算详表。

三、项目大事记

格式要求同公司大事记要求,也可按主要时间节点或工程节点进行记录:

____年____月____日~____年____月____日(时间起止)

人物、事件、地点、主要内容、结论等。

四、项目体会

主要内容为项目负责人及专业技术骨干人员的感悟、得失;下一阶段应进行的主要工作、预定目标和合理化建议。

五、其他主要附件

此处主要为合同框架协议的复印件、专家评审意见、批复文件、工程预算等。

二、水利工程勘测工作方案

1 指导思想

×××工程,可解决区域内水资源短缺、水资源供需矛盾问题;以南水北调优质水源作为主要供水水源,现有水源作为备用水源,保证长期、稳定供水,可提高西部地区城镇供水能力和保证率;南水北调水源水质好,可改善区域内生活用水质量和居民生活条件,提高生活质量,保证饮水安全。西部调水工程

支撑安阳西部科学调整和深度优化产业结构及区域布局,加快转变发展方式,能够促进经济社会可持续稳定发展。

该工程是我公司改制以后承接的中型引调水工程。由于线路地形地貌多样、地质条件复杂,地质条件影响线路比选和隧洞选型,因此开展前期勘测工作十分必要。

2 目标任务

根据技术咨询会上专家提的建议和意见,结合设计技术要求,对西部调水全段进行梳理,查漏补缺。对重要控制性工程——隧洞段进行重点调查和复核,切实为设计提供合理的地质依据,按时完成任务。

3 组织领导

为保证项目的顺利按期完成,加强领导,提高效率、提升产品质量,提高勘测产品质量,组建工作小组和工作机构如下:

成立项目组

主管副总:×××

勘测总负责人:×××

专家组:×××、×××

勘测技术负责人:×××

地质组长:××× 成员:×××、×××、×××、×××

测量组长:××× 成员:×××、×××

钻机组长:×××

物探组长:××× 成员:×××

协调组长:××× 成员:×××

后勤保障组长:×××

4 项目背景

××××工程配套工程管道末端引水,通过输水管线和加压泵站,将南水北调优质水源输送至安阳市西部的林州市、殷都区及龙安区等地区,用于城乡居民生活用水,提高居民生活用水质量,满足当地生产生活用水需要。本工程是提高城镇供水保障,解决安阳市西部地区水资源短缺、优化水资源配置,而建设的一项基础设施项目。

经过前期工作和方案比选,最终基本确定北线隧洞方案为推荐方案。专家和市水利局、各区县负责人均认可改线路为推荐方案，勘测设计需要根据各方意见再优化、深化设计。

5 工作思路

一是在专家的技术指导下，开展地质测绘、地质调查，确定钻探工、试验工作量，为地质论证提供充足的基础支撑。

二是按步分工协作，调查、物探、钻探、试验和报告编写工作，按网络化交叉进行，提高工作效率。

三是做好后勤保障工作，在车辆安排、人员组织上合理进行，抽调人员积极参与。

四是积极配合设计部门，及时提供基础资料和结论，同步开展工作。

五是根据公司安排组织专业组审查，修改完善、查漏补缺后，向水利局提交正式成果。

6 工作步骤

6.1 明挖段工作方案

6.1.1 地质调查

主要涉及杂填土、堆石等人工填土边界、岩石边界等。

6.1.2 地质测绘

对重点段进行地质测绘，尤其是沿断面岩性变化较大的部位应进行详细测绘。

6.1.3 工程物探

对土壤进行电阻率测试、对覆盖层分布较不规律部位进行高密度探测。

6.1.4 工程钻探

按照设计大纲和设计阶段进行。设计有特殊要求或变更位置、穿越位置进行详细钻探。

6.1.5 环境调查

对各方案比选线路周边环境进行调查，如采空区、矿区、采石场、坑塘、水库、边坡稳定、居民区等。

6.1.6 补充工作量

水、土腐蚀性、膨胀岩、湿陷性黄土、顶管和深基坑等试验参数。

6.2 隧洞段工作方案

6.2.1 区域地质调查和测绘工作内容

(1)地质调查,细化 1/1 000。

标注产状、岩性、主要断层、主要裂隙发育程度(代表性每千米至少 1 段)、裂隙密集带、留现场照片和文字记录。

按 1/1 万进行地质测绘和调查(1/1 万地形图与设计协调)。

岩性分段:1/5 万水冶幅、林州幅及说明为分段依据。

(2)调查范围(范围 13 km×2.5 km)

(3)调查构造(断层追索、性质)、岩溶发育情况、地下水调查(水井调查)、裂隙密集带。

(4)采空区范围:隧洞进口前延采空区、采石场范围。以调查为主,可以找矿务局协调。

6.2.2 地质剖面测绘

确定线路之后,采用 GPS 平板、奥维和相关软件进行线路调查。

裂隙节理统计(进出口、工程地质分段处,判断围岩类别、边坡稳定性)。

6.2.3 物探内容

进出口、断裂、浅埋段、风化层和覆盖层厚度。

手段主要采用高密度,局部复杂段可配合地震或探井、探槽。

电阻率测试(判断土对管材的腐蚀性)。

6.2.4 工程钻探

进出口、浅埋段为主要部位,可适当布置验证断裂带。

钻孔进行孔内电视、声波测试、注水试验(微压压水试验)、饱和抗压强度、弹性模量、泊松比。

6.2.5 水质分析(隧洞段若无可不做)

保证岩芯采取率、岩芯照片(所有岩用岩芯箱保留存放)等。

6.2.6 周围环境调查

隧洞顶部周边的水库、水塘、沟谷,与隧洞的水力联系(尤其是特殊渗漏通道)和在特定条件下对工程的影响。

洞顶附近机井分布、采石场工业用水和集中排水。

卸荷带、有害气体(调查中南铁路、跃进渠隧洞)、岩爆等。

6.2.7 预估(隧洞段)增补工作量

钻探:6 处(进出口、浅埋段)、孔深 40~60 m,3 台钻机,7 天/(孔·台),计划工期 15 天。孔内电视、测试计划 2 天,可根据情况设置长观孔。

物探:高密度6处(与钻孔相协调),计划工期6天,也可配合浅层地震,与钻探同时进行。

调查:区域:10天左右;剖面调查:5天,与钻探同时进行。

试验:及时送样安排,水、土、岩。

6.3 可研报告编制

根据上述基础工作,按照编制要求进行可研阶段的报告编制工作,以及相关图件附件。同时配合设计部门提供中间成果。

7 工作计划

工作任务进度横道图:

任务	9.26	9.28	9.30	10.2	10.4	10.6	10.8	10.10	10.12	10.14
项目筹备	■									
地质调查		■	■	■						
地质测绘				■	■					
工程测量	■	■	■							
工程钻探		■	■	■	■	■	■	■	■	
工程物探			■	■	■	■				
工程测试				■	■	■	■	■	■	
协调后勤		■	■	■	■	■	■	■	■	
报告编写				■	■	■	■	■	■	■

8 前期工作风险评估与技术保障

8.1 风险评估

该项目近期正在开展勘察设计招标投标工作。

8.2 技术保障

一是请×××指导勘察工作全过程。

二是请×××前来我院指导工作。

三是公司针对可研成果开展技术咨询。

第三章　安全及生产管理

一、你凭什么在单位立足

1　忠诚

单位不一定挽留有能力的员工，但对一个忠心耿耿的人，不会有领导愿意让他走，他会成为单位这个铁打营盘中最长久的战士，而且是最有发展前景的员工。

(1)站在领导的立场上思考问题；(林四庆总经理说过换位思考，我们也要换位思考)

(2)与上级分享你的想法；(1. 天津院董事长李孝振每周分享文章。2. 北京院勘察院张旭柱在公司群分享文章，多分享，也是换位思考)

(3)时刻维护单位的利益；

(4)琢磨为单位创造价值；(信息提供，共同努力)

(5)在外界诱惑面前经得起考验。(领导自身做好，职工不在外干，建筑院勘测院长、总工、副处长自己有钻机，自身不正，单位能干好?)

2　敬业

随着社会进步，人们的知识背景越来越趋同。学历、文凭已不再是单位考量员工的首要条件。很多单位考察员工的第一条件就是敬业，其次才是专业水平。

(1)工作的目的不仅仅在于报酬；(人生在世，在于认可)

(2)提供超出报酬的服务与努力；

(3)乐意为工作做出个人牺牲(为什么我一有事先找中层，要为单位牺牲)

(4)模糊上下班概念，完成工作再谈休息；

(5)重视工作中的每一个细节。(本次检查，国泰 G25，G65 孔没查出问题)

3 积极

不要事事等人交代，一个人只要能自动自发地做好一切，哪怕起点比别人低，也会有很大的发展，自发的人永远受领导欢迎。

(1)从"要我做"到"我要做"；

(2)主动分担一些"分外"事；(单位当做家庭，不一定每一件事都有报酬)

(3)学会毛遂自荐；

(4)高标准要求：要求一步，做到三步；(你比别人进步快的根本原因)

(5)拿捏好主动的尺度，不要急于表现、出风头甚至抢别人的工作。

4 负责

勇于承担责任的人，对单位有着重要的意义，一个人工作能力可以比别人差，但是一定不能缺乏责任感，凡事推三阻四、找客观原因，而不反思自己，一定会失去上级的信任。

(1)责任的核心在于责任心；

(2)把每一件小事都做好；

(3)言必信，行必果；(单位的规章制度，微信日总结)

(4)错就是错，绝对不要找借口；(好多人有这个问题，怎么解决，首先得明白，每个人心中都有一杆秤，是谁错大家都清楚，不用找什么借口，同时，领导最关心的是结果，而不是借口)

(5)让问题的皮球止于你；(问你要东西时，说忙，领导找你，并不是问为什么结果没出来，而是要有措施快出来，并不是批评，不要急着解释)

(6)不因一点疏忽而铸成大错。

5 效率

高效的工作习惯是每个可望成功的人所必备的，也是每个单位都非常看重的。

(1)跟穷忙瞎忙说"再见"；(每天要有日计划，干完一个划掉一个，每周有周计划)

(2)心无旁骛，专心致志；

(3)量化、细化每天的工作；

(4)拖延是最狠毒的职业杀手；(本质是没目标，专业水平不够)

(5)防止完美主义成为效率的大敌。

6　结果

“无论黑猫、白猫，抓得到老鼠就是好猫！”，无论苦干、巧干，出成绩的员工才会受到众人的肯定。单位重视的是你有多少“功”，而不是有多少“苦”。

(1)一开始就要想怎样把事情做成；

(2)办法永远要比问题多；(有问题找领导，但不是什么都找领导，你先拿几个方案，让领导做选择题，如果所有选项都不对，领导会告诉你最好的方案，几次过后，就有了独立的能力)

(3)聪明地工作而不仅仅是努力工作；

(4)没有条件，就创造条件；(不要干什么都说，我忙，最烦这个词了)

(5)把任务完成得超出预期。

7　沟通

不好沟通者，即便自己再有才，也只是一个人的才干，既不能传承，又无法进步；好沟通者，哪怕很平庸，也可以边干边学，最终实现自己的价值。

(1)沟通和八卦是两回事；(曾经一个职工说，一件事，几个领导，我究竟该听谁的，这是我听过最没脑子的一句话，怎么沟通的？沟通不但是职工的，也是领导的基本素质，领导沟通不好，危害更大)

(2)不说和说得过多都是一种错；

(3)带着方案去提问题，当面沟通，当场解决；

(4)培养接受批评的情商；(批评是一种进步，有人批评你，应该高兴，出一次问题，我们不是一棒子打死，人的印象是一次次出问题后量变至质变的结果，而不是一次量变的结果)

(5)胸怀大局，既报喜也报忧；

(6)内部可以有矛盾，对外一定要一致。(严禁在甲方、外单位面前暴露矛盾)

8　团队

团队提前，自我退后。不管个人能力多强，只要伤害到团队，单位决不会让你久留——不要认为缺了你一个，团队就无法运转！

(1)滴水融入大海，个人融入团队；

(2)服从总体安排；

(3)遵守纪律才能保证战斗力;(本次培训,迟到使我很着急,守时是最基本的职业素质)

(4)不做团队的"短板",如果现在是,就要给自己"增高";

(5)多为别人、为团队考虑。(勘测院是一家人)

9 进取

个人永远要跟上单位的步伐,单位永远要跟上时代的步伐。记住,一定要前进,停就意味着放弃,意味着出局!

(1)以空杯心态去学习、去汲取;

(2)不要总生气,而要争气;

(3)不要一年经验重复用十年;(中国共产党为什么能一直引领大家前进,不落后,就是因为不断创新,不断学习,用新知识来武装自己,我们也一样)

(4)挤时间给自己"增高""充电";(为什么同一批人,五年后有明显差别,根本原因在于平时自己的努力和充电)

(5)发展自己的"比较优势";

(6)挑战自我,未雨绸缪。

10 低调

才高不必自傲,不要以为自己不说、不宣扬,别人就看不到你的功劳。所以,别在同事面前炫耀。

(1)不要邀功请赏;

(2)克服"大材小用"的心理;

(3)不要摆架子耍资格;

(4)凡是人,皆须敬;(对领导要尊敬,对领导的要求要做到六个字"重视、及时、高效",对同事和下属也要敬,敬重他们为单位做的贡献)

(5)努力做到名实相符,要配得上自己的位置;

(6)成绩只是开始,荣誉当作动力。

11 成本

节约不是抠门,而是美德。不要把单位的钱不当钱,单位"锅"里有,员工"碗"里才有;同样,"锅"里多,"碗"里也自然就多。而掌勺的,恰恰就是你自己。

(1)报销账目,一定要诚信;(建议大家花钱一定要有两个人在场,避免风险)

(2)不要小聪明,不贪小便宜;

(3)不浪费单位的资源,哪怕是一张纸;(企业的本质在于利润,栗工上周五去水利局自己骑电动车,他如果用车,我会不同意?今年是改制的第一年,集团领导还没有更多关注成本,但明年肯定会更多关注,我们要提前做好准备,形成节约的习惯)

(4)珍惜工作的每一分钟时间;

(5)每付出成本,都要力争最大收益。

12　感恩

为什么我们能允许自己的过失,却对他人、对单位有这么多的抱怨?再有才华的人,也需要别人给你做事的机会,也需要他人对你或大或小的帮助。你现在的幸福不是你一个人就能成就的。

(1)单位给了你饭碗;(乔家大院电视局中孙茂才就是一个明显的例子,在乔家是大掌柜,在对手那里一文不值,是乔家成就了孙茂才,而不是孙茂才成就了乔家!)

(2)工作给你的不仅是报酬,还有学习、成长的机会;(每周培训,这是大家学习、成长的机会,要抓住,不是每个单位都有这个福利)

(3)同事给了你工作中的配合;

(4)服务对象帮你创造了成绩;

(5)对手让你看到距离和发展空间;

(6)批评者让你不断完善自我。

二、外业队安全生产培训

1　组织关系、思想意识

公司改制后成立勘测院,按企业模式运作,大家思想意识上要转变,服从领导安排工作。不能按旧有的事业模式、思维看问题,工作上不得出现拖沓、推诿,要有市场意识、竞争意识。随着勘测业务扩大,我院钻机已难以完成巨大的钻探工作量,要积极主动干活儿、抢活儿干。院里优先安排单位钻机进行,任务饱满时安排简单地形、地质条件的工地给大家,复杂地形、地质条件的工地安排给外部协作钻机；任务少时，只安排我院钻机生产，不安排外部钻机。

2 安全生产

安全生产是勘察钻探生产的重中之重，一般钻探我院已积累了一些安全生产管理经验。通过安全交底、危险源识别表、安全承诺书等工作制度流程，确保安全。但勘察情况复杂，上天容易入地难，地面以下的电缆、天然气、水管等掩埋物属于重大危险源，大家要特别重视。及时请建设单位、电力公司、天然气公司、自来水公司到现场确认。如确实无法确认的情况，可采用风镐开孔、洛阳铲探至原状土以后，再钻探。结合当前的环保工作，主动淘汰不符合环保要求的机器，裸露地层及时采用网布遮盖。

3 团队合作、分工协作

外业队在野外就是一个团体，工地上每个班组是合作、协作关系，是利益共同体。进入工业社会体系后，一个人再牛，也不能独立开展工作。驾驶员、安全员、司钻、把孔口、卸土员，各司其职、各负其责，在各自岗位上认真负责的同时，要积极主动关注安全生产；驾驶汽车通过村庄街道时，乘坐人员要主动下车观察、挑高上空障碍物；进入工地后，现场负责人和建设单位负责人沟通联系确定是否存在危险掩埋物，安全员要积极巡视场地、发现地埋物标志、标识等；下工地禁止穿拖鞋、禁止饮酒，严格按照安全交底记录开展工作。

4 钻研钻探工艺、搞好钻机保养、维修维护，提高服务水平

针对碎石土、软土地层外部钻机普遍取芯率高于我院钻机的现状，要利用闲暇时间多学习钻研，改进钻探工艺，采用薄壁取样器、铅丝取岩石样、钢丝网或双动三重管取样器取碎石土，逐步提高到《建筑工程地质勘探与取样技术规程》(JGJ/T 87—2012)中规定的采取率、取样质量水平。学习钻机车保养、维修、维护知识，做到平时保养好钻机、勤换易坏易损零部件，力争不发生因机器维修造成的窝工误工现象。同时提高服务意识，不挑肥拣瘦，不为难技术人员，有问题自己主动解决，不给领导和顾客添麻烦，在外树立良好的豫北院形象。

三、地质钻探安全操作规程

(1)钻机机长必须持证上岗。新工人必须在机长或熟练工人指导下进行

操作。

(2)进入钻探现场必须戴安全帽，穿整齐工作服，严禁赤脚或穿拖鞋。禁止酒后操作施工。

(3)进场施工前，应弄清场地内危险源分布情况，如架空线路、地下管网、通信光缆等分布情况，场地内如有高压线路时，钻塔与高压线必须保持安全距离，10 kV 以上不小于 10 m，10 kV 以下不小于 5 m，不得在高压线下钻机整体迁移。

(4)起落塔架时未经检查设备不准起落。起落时，塔架周围严禁站人。

(5)开孔前必须检查钻机、柴油机、天车、塔架等各种机械的螺钉是否上紧，塔材是否配套齐全，钢丝绳是否完好，确定安全可靠时，方可开工。

(6)施工期间，所有员工必须严格遵守劳动纪律，操作时要精力集中，不准擅自离岗或串岗。

(7)提引器、提引钩应有安全闭锁装置，摘、挂提引器时，不得用手摸提引器底部。

(8)孔口工作人员不准把手握在垫叉把底部，上、下垫叉要先切断动力。

(9)卷场机工作时，严禁用手触摸钢丝绳，垫叉未离开钻具，不得开机。

(10)提钻、下钻时，操作钻机人员要注意提引器的高度，当孔口工作人员都处于安全位置时，才能放下，严禁把钻具一下放到底。

(11)使用牙钳或其他工具紧、拆钻具，当阻力较大时，严禁用手握牙钳或其他工具，应用手掌向下用力，以防压伤手。

(12)打吊锤时，要有专人指挥。吊锤下部钻杆必须安装冲击把手，打箍上部应连接钻杆，挂牢提引器并拉紧钻杆。严禁手或身体的其他部位进入穿心锤工作范围内，以防吊锤砸伤。

(13)反钻具时，操作人员不准站在钳子或扳杆的反转范围内。

(14)钻机提升系统各联接部件要可靠，干燥清洁，制动有效，提升系统无故障。

(15)钻机的制动离合系统应防止油、水及杂物侵入，防止钻机离合失控。

(16)钻机施工完毕后，必须先放钻塔，然后才移机，场地复杂时，移动时应由安全员进行现场指挥。

(17)在堤坝钻探时，钻孔终孔后，必须严格按规定用水泥砂石回填好。

四、解读《中华人民共和国安全生产法》

《中华人民共和国安全生产法》共 7 章 97 条，具有丰富的内涵，本次学习其核心内容具体如下。

(1)三大目标。《安全生产法》的第一条，开宗明义地确立了通过加强安全生产监督管理措施，防止和减少生产安全事故，需要实现如下基本三大目标：保障人民生命安全，保护国家财产安全，促进社会经济发展。

(2)五方运行机制(五方结构) 在《安全生产法》的总则中，规定了保障安全生产的国家总体运行机制，包括如下五个方面：政府监管与指导(通过立法、执法、监管等手段)；企业实施与保障(落实预防、应急救援和事后处理等措施)；员工权益与自律(8 项权益和 3 项义务)；社会监督与参与(公民、工会、舆论和社区监督)；中介支持与服务(通过技术支持和咨询服务等方式)。

(3)两结合监管体制。《安全生产法》明确了我国现阶段实行的国家安全生产监管体制。这种体制是国家安全生产综合监管与各级政府有关职能部门(公安消防、公安交通、煤矿监督、建筑、交通运输、质量技术监督、工商行政管理)专项监管相结合的体制。其有关部门合理分工、相互协调，相应地表明了我国安全生产法的执法主体是国家安全生产综合管理部门和相应的专门监管部门。

(4)七项基本法律制度。《安全生产法》确定了我国安全生产的基本法律制度。分别为：安全生产监督管理制度；生产经营单位安全保障制度；从业人员安全生产权利义务制度；生产经营单位负责人安全责任制度；安全中介服务制度；安全生产责任追究制度；事故应急救援和处理制度。

(5)四个责任对象。《安全生产法》明确了对我国安全生产具有责任的各方，包括以下四个方面：政府责任方，即各级政府和对安全生产负有监管职责的有关部门；生产经营单位责任方；从业人员责任方；中介机构责任方。

(6)三套对策体系。《安全生产法》指明了实现我国安全生产的三大对策体系。①事前预防对策体系，即要求生产经营单位建立安全生产责任制、坚持“三同时”、保证安全机构及专业人员落实安全投入、进行安全培训、实行危险源管理、进行项目安全评价、推行安全设备管理、落实现场安全管理、严格交叉作业管理、实施高危作业安全管理、保证承包租赁安全管理、落实工伤保险等，同时加强政府监管、发动社会监督、推行中介技术支持等都是预防策略。②事中应急救援体系，要求政府建立行政区域的重大安全事故救援体系，制定社区事故应急救援预案；要求生产经营单位进行危险源的预控，制定事故应急救援预案等。③建立事后处理对策系统，包括推行严密的事故处理及严格的事故报告制度，实施事故后的行政责任追究制度，强化事故经济处罚，明确事故刑事责任追究等。

(7)从业人员八大权利。《安全生产法》明确的从业人员的八项权利是：①知情权，即有权了解其作业场所和工作岗位存在的危险因素、防范措施和事故应急措施；②建议权，即有权对本单位的安全生产工作提出建议；③批评权、检举权、控告权，即有权对本单位安全生产管理工作中存在的问题提出批评、检举、控告；④拒绝权，即有权拒绝违章作业指挥和强令冒险作业；⑤紧急避险权，即发现直接危及人身安全的紧急情况时，有权停止作业或者在采取可能的应急措施后撤离作业场所；⑥依法向本单位提出要求赔偿的权利；⑦获得符合国家标准或者行业标准劳动防护用品的权利；⑧获得安全生产教育和培训的权利。

(8)从业人员的三项义务《安全生产法》明确了从业人员的三项义务：①自律遵规的义务，即从业人员在作业过程中，应当遵守本单位的安全生产规章制度和操作规程，服从管理，正确佩戴和使用劳动防护用品；②自觉学习安全生产知识的义务，要求掌握本职工作所需的安全生产知识，提高安全生产技能，增强事故预防和应急处理能力；③危险报告义务，即发现事故隐患或者其他不安全因素时，应当立即向现场安全生产管理人员或者本单位负责人报告。

第四章 勘察技术应用

一、大中型引调水工程地质勘察

1 引调水工程概况

作为一个历史悠久的农业大国,我国人均水资源仅有世界人均水量的四分之一,被列入13个主要贫水国的行列,而且水资源在空间分布上南多北少,极不平衡。北方广大地区水荒严重,水资源供需矛盾日益加剧,这已成为我国经济社会发展中的严重制约因素。

南水北调是举世瞩目的一项特大型跨流域调水工程,是实现我国水资源战略布局调整,优化水资源配置,解决黄、淮、海平原、胶东地区和黄河上游地区,特别是津、京、华北地区缺水问题的一项特大基础措施。南水北调中东线通水以来,对缓解京津冀城市缺水问题起到了重大作用。促进我国北方经济发展、环境改善和社会稳定都具有十分重要的意义。

大中型引调水工程规模巨大,跨过多个流域,其工程地质条件表现出多样性、复杂性等特点,工程地质问题复杂多样。有些问题是引调水工程特有的工程地质问题,如渠道穿越现状河流问题、渠道左岸(自然坡向的上游,如傍山渠道)排水问题等。引调水工程地质问题的妥善解决不仅是工程建设的基础,对于工程地质科学和相关技术的发展也将起到推动促进作用。对于引调水工程中的工程地质问题的系统总结和深入研究是非常必要的。

2 勘察纲要的拟定

2.1 收集资料

收集资料包括区域地质、地质构造、地震及相关工程地质资料。

收集和调查已经做过的地勘资料、地质环境调查等相关资料,加以分析研究。

特别是在工程地质研究程度较高、现有资料较多的场地,就以地质资料汇编和工程地质编图为主,重点地段加以实地地质测绘与调查,辅助少量勘探。

基础地质资料的收集与分析，能节省勘察时间，优化工作量，减少勘察成本。

2.2　查勘现场

了解地形地质、地层岩性、水文地质、环境地质概况及工作条件。勘察大纲内容如下：

(1)任务来源、工程概况、勘察阶段、勘察目的和任务。

(2)勘察地区的地形地质概况及工作条件。

(3)已有地质资料、前阶段勘察成果的主要结论及审查、评估的主要意见。

(4)勘察的技术路线、勘察工作依据的规程规范及有关规定。

(5)勘察工作关键技术问题和主要技术措施。

(6)勘察内容、技术要求、工作方法和勘探工程布置图。

(7)计划工作量和进度安排。

(8)资源配置及质量、安全保证措施。

(9)提交成果内容、形式、数量和日期。

2.3　勘察手段

(1)地质测绘先行，在地形地貌和地质条件较复杂的场地，必须进行工程地质测绘；地形平坦、地质条件简单且较狭小的场地，可简化工程地质调查。

(2)物探方法：高密度电法、全孔壁光学成像、波速测试。

(3)钻孔、探井、坑槽与地质条件有机结合。

(4)原位测试、水文地质试验(压水、注水)。

(5)岩土试验项目安排。

(6)特殊段变形监测、地下水长观等。

3　勘察工作的要点与重点

3.1　渠道勘察的要点

(1)高填方渠段：填方高度大于 8 m。

(2)高边坡渠段：大于 15 m 的土质渠坡；坡高大于 30 m 的岩质渠坡。

(3)高地下水位或地下水位变幅较大的渠段。

(4)特殊岩土(湿陷性土、膨胀土、软土、杂填土)渠段，包括可液化地段。

(5)特殊地质段(滑坡、采空区、地裂缝、泥石流、移动沙丘等不良地质现象发育地段)。

(6)地貌及岩性变化较大的渠段，如傍山渠段。

(7)预测施工期及运行期渠道两侧水文地质条件变化及其对工程和环境

的影响。

3.2 渠道勘察的技术要求

（1）工程地质测绘：地形地貌及微地貌、土岩分布、地质构造，地下水及井、泉情况、不良地质现象。

（2）物探：基岩埋深小但起伏较大，岩溶洞穴、采空区等特殊段，剖面长度大于2倍渠道开口宽度。了解覆盖层厚度、主要地质结构、地下水、基岩性状。

（3）勘探：横剖面及设计要求加密断面满足规范要求；钻孔深度满足控制地层与边坡稳定性有关的层位，填方渠段孔深满足沉降、稳定计算的需要。

（4）取样与试验：初设阶段，每一工程地质段主要土层主要参数不少于12组；注意取样的代表性和对控制渠坡稳定的软弱土层、软岩的取样与试验。

（5）水文地质勘察：潜水、滞水、承压水，水质腐蚀性。水文地质条件变化大或高地下水位段应布置长观孔，观测不少于1年。

【例1】 南水中线总干渠段地质概述

管涵勘察技术要求：

（1）管涵的工程地质条件：重点研究地下水位较高地段的临时边坡、特殊土类涵段（包括可能液化的地段）以及岩性变化较大的管涵段。查明地质结构，评价地基的工程地质条件及临时边坡的稳定性，提出岩土物理力学参数建议值、施工和工程处理的建议，以及局部线路比较的意见。

（2）预测管涵施工期及运行期间周围水文地质条件变化及其对工程和环境的影响。

（3）勘探：特殊土、岩溶分布地段钻孔深度适当加深；顶管工作井要有勘探点；非开挖（定向钻）段的地质结构。

（4）取样与试验：初设阶段，主要土层主要参数不少于6组；注意取样的代表性和对控制渠坡稳定的软弱土层、软岩的取样与试验。砂土液化要有颗分、相对密度、渗透性试验，原位测试天然密度、标贯、静探、剪切波速等。土的腐蚀性试验（钢结构的判别指标）。

（5）管道场地地震液化的判别。

（6）顶管及工作井的稳定问题。

（7）非开挖（定向钻）段的地质结构。

【例2】 河南省南水北调受水区供水配套工程××顶管施工

隧洞勘察技术要求：

（1）主要查明洞身及进、出口段的地质条件及围岩类型，研究洞脸及洞身围岩的稳定性，对围岩进行分类。提出相应的支护处理措施及衬砌型式的建议。

(2)工程地质测绘:重点研究地层结构及软弱夹层、断裂构造的分布、发育程度、规模和性状,水文地质条件、不良地质现象。

(3)勘探:重点在隧洞进出口、洞身浅埋段、断裂带及岩性变化较大的部位布置钻孔。孔深超过洞底 10 m 或 2 倍的洞径。

(4)取样与试验:初设阶段,每一工程地质段主要土层主要参数不少于 6 组;注意取样的代表性和对控制隧洞稳定的软弱土层、软岩的取样与试验。注意软岩的风化及崩解特性研究等。

(5)水文地质勘察:潜水、滞水、承压水的影响至关重要。水文地质条件变化大或高地下水位段应布置长观孔,观测不少于 1 年。

【例 3】 ××引水隧洞洞口侧墙变形

隧洞选线与施工建议:

(1)早进洞、晚出洞。

(2)隧洞口尽量避免布置在凹地形,在凸地形为宜。

(3)隧洞洞身尽量避免浅埋的低洼地形。

(4)隧洞进出口宜加强支护、加强仰坡支护、做好防排水措施。

(5)隧洞施工宜短进尺、及时支护、少扰动、做好超前预报。围岩差的可选择管棚法、超前小导管预注浆、钢支撑、静态爆破等方法。

交叉建筑物勘察技术要求:

(1)主要查明建筑物地基的工程地质、水文地质条件,提出岩土物理力学参数和基础型式、地基处理措施的建议。

(2)工程地质测绘:重点研究地层结构及软弱夹层、断裂构造的分布、发育程度、规模和性状,水文地质条件、不良地质现象。

(3)勘探:重点在桩墩位置、建筑物轴线及两侧、岩性变化较大的部位布置钻孔。倒虹吸孔深超过底板以下 10 m,桩墩孔深超过桩长以下不小于 5 m,并满足基坑排水降水井结构、地基稳定性评价的需要。

(4)取样与试验:初设阶段,主要土层主要参数不少于 6 组;注意取样的代表性,软弱土层、软岩的取样与试验。注意软岩的风化及崩解特性研究等。

(5)水文地质勘察:潜水、滞水、承压水的影响至关重要。

【例 4】 ××渡槽

分为进口段、槽身段、出口段三段。

进口段有进口渐变段、节制闸和闸渡连接段:位于右岸Ⅱ级阶地,为填方段,上部覆盖层为第四系粉质黏土及卵石,下伏上第三系泥质砂砾岩。节制闸闸基及闸渡连接段基础位于第⑦层粉质黏土中，其承载力标准值 170 kPa。

槽身段：跨越右岸Ⅱ级阶地前缘、Ⅰ级阶地、漫滩和河床不同地貌单元，岩性、岩相及沉积厚度变化较大，地基强度差异明显。第四系上更新统卵石层和上第三砾质泥岩、泥质砂砾岩强度较高。第四系卵石含量不均匀，相变较大，部分部位相变为砂砾石，夹有砂层、土层薄层或透镜体，力学性质差异较大。建议采用承台下桩基，桩端可置于第(14)层泥质砂砾岩和砾质泥岩中，该层允许承载力 500 kPa，顶板埋深 9 ~ 23 m。桩周土的极限摩阻力砾砂为 70 kPa，卵石为 200 kPa，泥质砾岩与砾质泥岩为 140 kPa。在河床漫滩冲刷深度以上，土层不计算桩周摩阻力。

出口段：由渐变段和检修闸组成。地质结构为土岩双层结构，基础置于第① -1 层中细砂、第③层砾砂、(13) -1 层卵石之上，承载力标准值 f_k =65 ~ 400 kPa，其中中细砂层松散状，应处理。

【例 5】 沙河—大郎河箱基渡槽段

分为进口段、槽身段、出口段三段。

位于沙河左岸。

地质结构为土岩双层结构，岩性由第四系覆盖层和上第三系基岩组成。

该段基础为箱基，基础置于第① -1 层中细砂、第②层重粉质壤土、第③层砾砂、第④层中砂、第⑨层黄土状重粉质壤土、第(13) -2 层卵石之上，承载力标准值 f_k =65 ~400 kPa。其中第① -1 层中细砂、第②层重粉质壤土、第④层中砂结构松散，强度低，其承载力标准值 f_k 分别为 65 kPa、110 kPa、80 kPa，对此均应做相应处理；第⑨层黄土状重粉质壤土，具中等湿陷性，设计时应采取措施进行处理，消除湿陷变形影响。

对于连续基础，穿越的地层强度不一，应考虑地基的不均匀变形问题。

地下水位位于建基面附近，受季节降水影响而变化，部分地段可能存在基坑涌水问题，根据地下水的变化情况，决定是否采取排水措施。

4 主要工程地质问题与建议

4.1 膨胀岩土胀缩变形问题

(1)膨胀岩土综合判别法，主要依据地貌形态、土的外观特征、土的自由膨胀率，结合原状土的一定压力下的膨胀率、膨胀力、收缩等直观指标，参考其他亲水黏土矿物含量等间接性指标，膨胀土的综合判别见表 1 ~ 表 6。

(2)工程地质测绘：重点研究地形地貌、建筑物的倒八字、X 形裂缝、常见浅层滑坡、地裂缝，裂缝随气候变化而张开和闭合。

(3)勘探:加密勘探剖面,同时采用坑槽、探井,研究膨胀土的各种裂隙的空间发育情况及特征、大气影响深度。

(4)取样与试验:饱和抗剪强度、残余强度、自由膨胀率、原状有压膨胀率、膨胀力、收缩系数。注意崩解特性研究等。

(5)水文地质勘察:潜水、滞水的影响至关重要。

表 1　膨胀土初判标准

地貌地形	多为岗地或山前丘陵,或呈垄岗与沟谷相间;地形平缓开阔,无自然陡坎
颜色	多呈棕黄、黄,间杂灰白、灰绿色条带或薄膜
自然状态	多为超固结土,自然条件下多呈坚硬或硬塑状态
土质情况	土质细腻,具滑感,断口有蜡状或油脂光泽,土中常见有钙质团块或铁锰质薄膜、结核或豆石,局部可富集成层
土质外观结构	具多裂隙性,方向不规则。裂面光滑,常有擦痕,裂缝隙中充填灰白、灰绿色的黏土条带或薄膜
自然地质现象	坡面常有浅层的塑性滑坡、地裂,新开挖的边坡、路沟、基槽有无发生塌滑现象,附近低层建筑物的裂缝(倒八字)
自由膨胀率 δ_f	≥40%

表 2　膨胀土详判指标

自由膨胀率 δ_f	≥40%
黏粒含量	≥35%或胶粒(小于0.002 mm)≥30%
膨胀力	一般≥50 kPa
阳离子交换量(mmol/kg)	≥170
蒙脱石含量 M	≥7%
其他参考指标	膨胀率(原状)≥1%,I_P≥17,W_L≥35,线缩率≥3%,收缩系数≥0.3%,体缩率≥8%

表 3　膨胀土膨胀等级

岩性	颜色	自由膨胀率	样本组数	最小值	最大值	平均值	膨胀等级（按 1/3 标准）
黏土岩	灰绿色	$40 \leqslant \delta_{ef} < 65$				84	强膨胀
		$65 \leqslant \delta_{ef} < 90$	13	68			
		$\delta_{ef} \geqslant 90$	7		103		
黏土岩	棕黄、棕红杂灰绿色	$\delta_{ef} < 40$	1	37		4	弱膨胀
		$40 \leqslant \delta_{ef} < 65$	18				
		$65 \leqslant \delta_{ef} < 90$	2		80		
黏土岩	棕红、紫红、棕黄	$\delta_{ef} < 40$	3	30		49	弱膨胀
		$40 \leqslant \delta_{ef} < 65$	16				
		$65 \leqslant \delta_{ef} < 90$	1		68		
泥灰岩	灰白色杂棕黄、灰绿	$\delta_{ef} < 40$	4		17	38	弱膨胀
		$40 \leqslant \delta_{ef} < 65$	4		49		
		$65 \leqslant \delta_{ef} < 90$					
泥灰岩	灰白色	$\delta_{ef} < 40$	8		17	30	非膨胀
		$40 \leqslant \delta_{ef} < 65$	1		47		
		$65 \leqslant \delta_{ef} < 90$					

表 4　膨胀土快速鉴别技术——失水后干裂情况判别

类别	干裂后外观结构特征
不膨胀	失水干燥后未开裂或仅有少量的裂纹
弱膨胀	失水干裂成 5 cm 以上碎块
中等—强膨胀	失水后开裂严重呈 1 cm 左右的小碎块

表 5　按崩解特征分类

类别	崩解特征及重量变化
非膨胀岩	浸泡水中 10 h 以上岩块完整、不崩解，重量增加小于 10%
弱膨胀岩	泡水后，有少量剥落，数小时后岩块开裂成 1 cm 的较硬碎块或片状，手可捏碎，重量增加 10% 以上
中等膨胀岩	泡水后，1～2 h 崩解为散土状碎片，碎片较软，重量增加 30%～50%
强膨胀	泡水后，即刻剧烈崩解，约半小时后软化呈泥糊状，水浑浊

表 6　膨胀土快速鉴别技术——按新开挖岩体裂隙发育特征判别

类别	裂隙发育特征	长度大于 0.5 m 裂隙发育频度(条/m)
弱膨胀	裂隙不发育或隐匿微裂隙，延展长度大于0.5 m 裂隙很少发育	<1 条
中等膨胀	延展长度大于 0.5 m 裂隙一般发育	1～5 条
强膨胀	延展长度大于 0.5 m 裂隙很发育	5～10 条

4.2　膨胀土抗剪强度选取探讨

《水利水电工程地质勘察规范》(GB 50287—99)附录 D 第 D.0.1 的 11 条规定："具有流变特性的强、中等膨胀土，宜取流变强度作为标准值；弱膨胀土……可以峰值强度小值平均值作为标准值"。

存在的问题：

(1)尺寸效应。

(2)抗剪强度降低的影响因素。

(3)实际工作中，进行大量的长期强度试验比较困难。

(4)设计边坡过缓、马道过宽。

抗剪强度的影响因素有宏观和微观结构、矿物成分和化学成分、含水量、结核。

含水量：受地下水、大气降水、地表水的控制，含水量反复变化导致强度的降低。

(1)除近地表土体裂隙发育，一般呈弱—微透水性外，膨胀土渗透系数小($k = i \times 10^{-9} \sim i \times 10^{-6}$ cm/s)，但土体中存在地下水，须考虑水对强度的影响。

(2)大气影响深度4~5 m,急剧影响深度1.5~2 m。

(3)大气影响深度以下,地下水的含水量主要受地下水的影响。

(4)即使有含水量的变化,变化幅度小,上覆土体的重量对膨胀的发生有限制作用。

(5)土体强度降低主要发生在地表5 m范围内。

结核:膨胀土中常分布有钙质结核、铁锰质结核,其中钙质结核一般粒径为2~20 cm,有时富集成层,含量一般为6%~40%。当其含量超过20%时,在土中起着骨架的作用,提高土体强度,增强渠坡的稳定性。

4.3 膨胀土抗剪强度的选取原则

(1)以室内试验为主、现场试验作为对比。

(2)考虑尺寸效应进行打折,c为0.5~0.7、Φ为0.7~0.8。

(3)考虑含水量变化对强度降低的影响,分带提出抗剪强度。

大气急剧影响带:0~2 m,残余强度。

其余的大气影响带:2~5 m,饱和快剪强度×折减系数。

大气影响带底界—地下水面:天然固结快剪强度×折减系数。

地下水面以下:饱和固结快剪强度×折减系数。

(4)结核富集层强度可适当提高。

(5)结构面强度单独考虑。

4.4 黄土状土湿陷变形问题

(1)黄土(黄土状土):地貌形态为黄土台塬梁、陡峻的冲沟;土的外观特征有针状大孔隙、卸荷后有垂直节理。

(2)马兰黄土(Q3)与新近沉积黄土湿陷性程度轻微、中等、强烈,离石或午城黄土基本不湿陷。

(3)源于黄土类土的填土(压实度好的除外),往往湿陷性更强。

(4)工程地质测绘:重点研究地形地貌、岸坡裂缝、潜蚀土洞,黄土柱崩塌。

(5)勘探:必须采用坑槽、探井,编录和描述黄土土体原状结构特征,每米取1个方块样做湿陷性试验。探井布置不可以在自然冲沟陡壁上取。

(6)试验:干重度、孔隙比、颗粒分析、液塑限、各级压力下的湿陷系数、起始湿陷压力、饱和抗剪强度等。

(7)湿陷评价:地基湿陷等级及湿陷量计算;湿陷类型;起始湿陷压力;地基处理的建议。

4.5 砂土液化及渗透变形问题

(1)查明砂土层的分布、成因;干砂与饱和砂土性状最差,非饱和砂土有假凝聚力。

(2)勘探要点:标贯(水下须泥浆钻进清孔)、原状原配样。

(3)主要指标:砂层的密度、密实度、级配(颗粒分析)、相对密度、渗透性、渗透比降、抗剪强度(休止角)等。

(4)相关的常见工程地质问题:液化、流砂涌砂、渗透破坏、砂土坍塌。

4.6 砂土液化的四种判别方法

砂土液化采用4种判别方法。

(1)标准贯入法。

(2)相对含水量或液性指数法。

当饱和少黏性土的相对含水量大于或等于0.9时,或液性指数大于或等于0.75时,可判为可能液化土。

(3)相对密度法。

对沿线分布的砂土采用该法,当砂土的相对密度不大于Ⅶ度区液化临界相对密度0.7时,判为可能液化土。

(4)静力触探法。

后期在原标贯孔旁边或其附近布置了静探孔(双桥探头),利用静探资料对与标贯孔岩性、工况相同的土层进行液化判别。

4.7 采空区问题

(1)收集资料:采矿平面图(井巷、采区、水仓位置)、井下井上对照图、开采时间、顶板管理方式、煤层埋深与厚度、煤层产状、采空区充水情况。地质构造与地层资料。

(2)采空区专项调查与测绘:地形变调查(包括地裂缝、沉陷洼地、塌陷坑),建筑物损坏情况调查,地下水调查。

(3)物探:高密度电法、瞬变电磁、EH4、井下电视、地震等。

(4)钻探:少量验证孔,判别采空区上覆岩层地质结构、覆岩破坏情况、划分三带。

(5)变形监测:视工程重要性等级而定。

(6)稳定性评价:优先采用采矿条件判别法;采空区剩余变形量估算。

(7)处理建议:注浆—适合深厚比小的采空区;柔性防护适应变形(土工格栅)、防渗处理(高塑性黏土、土工膜)。

钻探对于采空区上覆地层的异常反映主要是根据表7所列的现象作为判

断依据。

表7

无采空区判据或弯曲带岩层	裂隙带判据	采空区垮落带判据
1. 全孔返水、无耗水量或耗水量小	1. 突然严重漏水或漏水量显著增加	1. 突然掉钻、卡钻、埋钻
2. 取芯率大于75%	2. 钻孔水位明显下降	2. 孔口水位突然消失
3. 进尺平稳	3. 岩芯有纵向裂纹或陡倾裂缝	3. 孔口吸风
4. 可采煤层岩芯完整，无漏水现象	4. 钻孔有轻微吸风现象	4. 进尺特别快
	5. 钻孔有瓦斯气体	5. 岩芯破碎杂乱、有岩屑、煤灰及淤泥、粉末状煤渣等
	6. 取芯率小于75%	6. 有瓦斯气体上升
		7. 岩芯有坑木等

4.8 渠坡稳定问题

影响渠道边坡稳定的主要因素有：地层结构、地质构造、岩层的产状、成岩及风化程度、土岩的工程特性、边坡高度、地下水及地表水对土岩体的影响以及施工和排水方式等。

砂性土渠坡岩性为细、粉砂，一般较松散。地下水位以下的渠坡存在渗透稳定和排水问题，渠水位以下的渠坡抗冲刷能力差，容易产生淘蚀和淤积，边坡稳定性差，渠道必须进行衬砌。

黄土状土边坡沿渠线分布较广，水上边坡稳定性好，水下边坡稳定性差。

在挖方较深（>20 m）的渠段，由于挖方坡脚卸载的作用，改变了原有的应力平衡状态，促使渠坡失稳；特别是地下水变幅较大渠段、特殊土（黄土状土、液化土）渠段，由于外界自然条件变化，使抗剪强度降低，这些渠段的边坡稳定问题较突出。

地下水对渠道边坡稳定影响较大，尤其在砂性土渠段。在渠水位高于地下水位时，在内水压力作用下渠坡稳定性相对较好；在渠水位低于地下水位时，在外水压力作用下，会产生流砂、管涌等渗透破坏，在施工期影响施工质量、工期及造价，运行前期及维修期，较高的外水压力对边坡和底板的防渗衬砌体产生较大的浮托力，破坏防渗层，进而危及渠道的安全。

勘探：优选采用静探。

取样与试验：薄壁静压取土，土样运输采取避免扰动振动措施。试验项目密度、孔隙比、颗粒分析、液塑限、抗剪强度、压缩性、有机质含量等。

4.8.1 岩体抗剪强度确定方法

岩体抗剪强度指标确定内容要求综合岩体质量和岩体抗剪试验结果，确定能代表岩体实际情况的抗剪强度指标（见表8～表10）。同时应考虑风化程度、节理发育情况；确定层间软弱夹层需规定的连通率、起伏度等因素对抗剪强度指标的影响。

表8

直剪		三轴剪	
试验方法	符号	试验方法	符号
快剪	C_q、φ_q	不固结不排水剪	C_u、φ_u
固结快剪	C_{cq}、φ_{cq}	固结不排水剪	C_{cu}、φ_{cu}
慢剪	C_s、φ_s	固结排水剪	C_d、φ_d

表9

项目	直剪	三轴剪
优点	1. 直剪仪设备简单、操作方便、时间短； 2. 在大试样和大变形试验应用中有一定优势	1. 试验应力条件明确，在一定的应力状态下沿某一斜截面剪切，剪切面非人为固定； 2. 排水条件可以控制，便于量测剪切过程中试样中的孔隙水压力，可以得到有效强度指标
缺点	1. 排水条件不易控制； 2. 剪切面人为规定； 3. 剪切面上受力不均	1. 三轴仪设备复杂 2. 对操作人员有较高的技术要求
相关点	以加载速率控制排水条件	与试样相连的阀门的开关控制排水条件

表 10

抗剪强度指标		应用情况举例
总应力指标	快剪或不排水剪	1. 透水性差、施工速度快的黏土地基的稳定性分析； 2. 施工期短的软黏土地基上的堤坝的稳定分析；
	固结快剪或固结不排水剪	1. 一般黏土地基的稳定性核算； 2. 天然土坡上建筑物地基的稳定性核算；
	慢剪或固结排水剪	1. 透水性好、施工极慢的黏土地基的稳定性分析； 2. 地基的长期稳定性核算； 3. 软基土施工极慢的堤坝的稳定性分析
有效应力指标		1. 土坝在稳定渗流期下游坡的稳定分析； 2. 土坝在水位骤降时上游坡的稳定分析

4.8.2 边坡失稳初步判定

1. 岩质边坡稳定性分析

考虑采用国内外较常用的且具有一定实际应用便于实际操作的方法，对边坡的稳定性进行初步判别。如：极射赤平投影法、极限平衡法、有限元数值模拟法等。

根据实际情况，滑动破坏所占的比例最大。但随边坡岩体构造的不同，滑动破坏有多种形式，对于不同形式的滑动破坏应根据工程实际情况确定分析方法。在滑动稳定分析计算中应以极限平衡分析类的方法为主。对于一般节理岩体，sarma 法是重点考虑的计算方法之一。对于由于受结构面和软弱面控制有可能形成空间楔形体滑动的情况，楔体法是重点考虑的计算方法。

2. 土质边坡和混合边坡稳定分析

可参照《碾压式土石坝设计规范》中的有关规定。而黄土边坡和膨胀土边坡的稳定分析需专门研究。

4.8.3 边坡处理的一般性要求

(1)应根据边坡类型、重要性和地形地质条件等，经技术经济比较，综合研究确定边坡处理方案。

(2)边坡处理应满足稳定、变形要求，必要时还应满足渗流要求。

(3)对于工程开挖边坡的布置，应满足枢纽建筑物总体布置要求，并通过边坡布置方案优化提高边坡本身的稳定能力。

(4)首选应提高边坡自承稳定能力，再根据需要进行加固的基本设计原则。

(5)要求对存在严重威胁边坡安全的特殊地质构造，研究避开不良地质条件的可能性。不可避免时,应专门进行研究。

(6)若采用的加固处理措施缺乏工程实践经验,应进行专门研究,必要时进行试验验证。

4.8.4 *岩石边坡处理*

应根据不同的边坡岩体结构特征,研究符合地质构造实际情况的处理方法,使得边坡处理方案满足安全和经济的要求。

常用的加固处理措施有以下几种:

(1)开挖和压脚:上部开挖,下部压脚。

(2)地面排水:排水沟网。

(3)地下排水:排水孔、排水洞、排水垫层等。

(4)坡面支护:喷混凝土、喷纤维混凝土、混凝土面板、沥青混凝土面板、锚杆和混凝土塞等。

(5)深层加固:锚索(杆)、预应力锚索(杆)、锚固洞等。

(6)灌浆处理:水泥灌浆和化学灌浆等。

(7)支挡措施:各类挡土墙和防护网等。

4.8.5 *土质边坡处理*

应综合考虑多种处理措施,使得边坡处理方案满足安全和经济的要求。

常用的加固处理措施有以下几种:

(1)开挖和压脚:上部开挖,下部压脚。

(2)地面排水:排水沟网。

(3)地下排水:排水孔、排水垫层等。

(4)坡面支护:干砌石、浆砌石、植被、刚性框格等。

(5)深层加固:土锚索(杆)等。

(6)支挡措施:各类挡土墙和防护网等。

二、中国中铁盾构和TBM考察

1 隧道掘进机概述

1.1 结构

它是利用回转刀具开挖,同时破碎洞内围岩及掘进,形成整个隧道断面的一种新型、先进的隧道施工机械。同时将破碎岩石、出渣和支护实行连续作业的一种综合设备。

1.2 分类

在我国,习惯上将用于软土地层的称为盾构,将用于岩石地层的称为TBM。

(1)按掘进机在工作面上的切削过程,分为全断面掘进机和部分断面掘进机。

(2)按破碎岩石原理不同,又可分滚压式(盘形滚刀)掘进机和铣切式掘进机。

2 盾构机

盾构机是一种使用盾构法的隧道掘进机。盾构的施工法是掘进机在掘进的同时构建(铺设)隧道之"盾"(指支撑性管片)。

常见的盾构机有以下几种。

2.1 土压平衡盾构机

土压平衡盾构机属封闭式盾构机。盾构推进时,其前端刀盘旋转掘削地层土体,切削下来的土体进入土舱。当土体充满土舱时,其被动土压力与掘削面上的土压、水压基本平衡,使得掘削面与盾构面处于平衡状态(即稳定状态)。

2.2 复合式盾构机

以土压平衡盾构机为基础,兼备气压盾构机和硬岩掘进机的原理和优点,主要应用于软硬交错地层隧道施工,如砂卵石、风化岩层等。

2.3 泥水盾构机

通过加压泥浆来平衡掌子面水土压力,利用泥水循环系统进行渣土排放的隧道专用设备。其特点是,在易发生流砂的地层中能稳定开挖面,可在正常大气压下施工作业;对开挖面周围土体的干扰少,地面沉降量控制精度高。

2.4 双模式盾构机

(1)模式盾构之一:土压平衡与敞开式双模式。指即具备盾构的掌子面土压平衡功能,有具备皮带机出渣的敞开式硬岩刀盘,同时适应可能存在的软岩、硬岩、过渡复合地层工程地质工况的隧道掘进设备。在地层变化时转换掘进模式及出渣方式,对配套施工干扰小,能有效降低工程风险。

(2)双模式盾构之二:土压平衡与泥水平衡双模式。当开挖面稳定性差或者为含水较多的软土、软岩、砂砾及软硬不均的地层时,可采用土压平衡盾构模式掘进,使切削的渣土获得流动性和不透水性。开挖面富水或含砂卵石,可采用泥水平衡模式施工。设备造价低廉、经济适用,满足施工灵活的使用需求。

2.5 矩形盾构机

矩形盾构式顶管机，开挖断面为矩形，断面利用率大，覆土浅，施工成本低，主要用于城市人行地道、地下管线共同沟、地下停车场、地下储水库等。这一高效、快捷、便利的施工形式，被媒体誉为"治堵利器"。

2.6 马蹄形盾构机

不同于普通的圆形盾构机，根据设计要求，断面设计为马蹄形，主要适用于大型公路、铁路山体隧道领域等。

3 全断面硬岩隧道掘进机 TBM(Tunnel Boring Machine)

采用了机械、电气和液压领域的高科技成果，集掘进、支护、出渣、运输于一体的成套设备，具有快速、经济、安全、环保、自动化、信息化程度高等特点。

TBM 分为以下三类。

3.1 敞开式 TBM

常用于硬岩，在配置了钢拱架安装器和喷锚设备后，根据不同的地质采取有效支护手段后，也可应用于软岩隧道。使用岩石单轴抗压强度 50 ~ 300 MPa，RQD 值 10% ~ 100%，节理间大于 0.6 的岩体。

3.2 双护盾式 TBM

双护盾式 TBM 适用于不能自立的软弱破碎地层段，并在护盾内安装管片衬砌。双护盾系统可同时满足推进和管片安装的要求，双护盾 TBM 在每个掘进行程中的中断时间短，后接触护盾周期性地前移。双护盾 TBM 系统在纵向上可分为三部分：①带刀盘的前护盾；②中间部分的伸缩护盾；③后接触护盾，带有用于安装管片的尾盾。把伸缩护盾、接触护盾(支撑盾壳)和盾尾合称为后护盾。

带管片衬砌操作的双护盾掘进机工作周期分为两个阶段。

第一阶段：前进和管片放置过程。支撑护盾牢固地撑紧在洞壁上，刀盘推进油缸支承在接触护盾的连接处，并在掘进过程中将刀盘向前推进，保持所达到的掘进速率直至刀盘推进油缸行程结束。同时管片在盾尾安装，在安装期间后护盾的护盾推进油缸支撑着管片直至整环闭合。

第二阶段：后护盾换位阶段。后护盾盾壳换位只持续几分钟。首先，推进油缸卸载，随后护盾盾壳支撑的径向支撑油缸缩回并卸载，然后借助于后护盾推进油缸使刀盘推进油缸周围的后护盾盾壳前移。重复掘进和管片安装过程。

3.3 单护盾式 TBM

单护盾式 TBM 的整个机器都由一个护盾进行保护,适用于开挖地层以软弱围岩为主、岩体抗压强度低的隧道。主要适用于中等长度隧道,有一定自稳性的软岩及破碎岩层,开挖衬砌可同步进行,隧道一次成型。

三、岩土工程勘察报告审查意见及注意事项

1 勘察大纲

(1)勘察大纲内容过于简单。

(2)缺公章、项目负责人注册章、项目负责人签名。

(3)缺平面布置图。

(4)采用规范未改,预计报告章节未改。

(5)勘察纲要设计工作量与最终勘察工作量不一致。

应该包括:

(1)工程概况。

(2)概述拟建场地环境、工程地质条件。

(3)勘察任务要求及需解决的技术问题。

(4)执行的技术标准。

(5)选用的勘察方法。

(6)勘探工作量布置:钻探间距、深度、数量;原位测试的种类、方法、深度、间距、数量;取样器、取样方法选择,取岩、土样间距和水试样数量及储存、运输条件;室内试验岩、土、水试验内容、方法、数量。报告中取样与标贯位置重叠,先取样,后打标贯,最后一个取样或标贯位置要与孔深一样。

湿陷性:评价孔取样间距 1.5 m,不符合湿陷性规范 4.1.7 条,间距应为 1 m,取土孔应有探井,应为取土孔总数的 1/3 ~ 1/2,并不少于 3 个;

膨胀土:取土孔及间距不满足规范 4.1.5 条规定,未计算涨缩等级。

高层:高层建筑物勘察等级为甲级,楼中心或电梯井未布置勘探点。

地下车库边线:角点应有勘探点。

波速:重点设防布置波速,不能引用前期工程波速资料,波速孔 20.0 m 不合适;抗震规范 4.1.3 条有规定。

勘探点布置:布置未照顾到建筑物低层外部边缘,不符合岩土规范4.1.16 条第一款规定。

桥梁:宜逐桩或隔桩布置钻孔。

(7)勘探孔回填。

(8)拟采取的质量控制、安全保证和环境保护措施。

(9)拟投入的仪器设备、人员安排、勘察进度计划。

2　外业钻探

(1)外业记录应有机长、项目负责人签名。

(2)勘探点测量记录无仪器名称、编号。

(3)缺测量定孔记录,放孔勘探点坐标。

(4)静力触探探头在使用前或使用后一段时间后,未进行再次率定,对率定系数进行检验和修正。要有记录。包括波速测试仪器。

(5)记录地下水位初见、稳定水位。

3　报告编写

3.1　概况与任务书

(1)任务书未盖章、没有甲方负责人签字。

(2)缺少建筑物长度、宽度、高度。

(3)地下车库漏写。

(4)市政道路5.1.2条"道路类别、路面设计标高、路基类型、宽度、拟采用的路面结构类型"。

3.2　规范

(1)部分规范过期。

(2)规范字母、数字写错。

(3)规定写为规程。

3.3　勘察等级

局部填土较厚,地基等级定位三级不合理。

3.4　取样方法

碎石土采用金刚石钻具取样不符合《建筑工程地质勘探与取样技术规程》(JGJ/T 87—2012)6.4.4条规定。

3.5　勘探点引测依据、方法及引测成果

缺少勘探点引测依据、方法及引测成果。

3.6　标准冻结深度

缺少区域气候资料,标准冻结深度在报告中应有叙述,结论中标准冻结深

度无依据。

3.7 建筑抗震设防分类划分

缺少建筑抗震设防分类划分。建筑抗震设计规范 3.1.1 条为强制性条文。

3.8 土层描述

填土主要成分、分布、堆积时间等内容应描述。

3.9 土、水的腐蚀性评价

(1)缺少土的腐蚀性评价。应最少 2 组。

(2)引用附近水、土腐蚀性分析资料,应附报告单。

3.10 地震效应评价

液化判别:岩土工程勘察规范 5.7.8、5.7.10 条。

(1)一般需判别地面以下 15.0 m 深度;桩基和基础埋深大于 5 m 的天然地基,应判别至 20 m。对判别液化的勘探点不应少于 3 个,根据标贯判别时,应根据标贯实测击数判别,试验点竖向间距 1.0 ~ 1.5 m,每层土试验点数不宜少于 6 个;凡判别为液化的场地,应确定液化指数及液化等级。勘察报告除应阐明可液化的土层、各孔的液化指数,应根据各孔液化指数综合确定液化等级。

初判液化时,要说明根据抗震规范哪一条,进行判别。

抗震规范,粉土黏粒含量百分率,7、8、9 度分别不小于 10、13、16,用于液化判别的黏粒含量,系采用六偏磷酸钠作分散剂测定,采用其他方法应按有关规定换算。

(2)抗震设防烈度、设计地震加速度不符合《建筑抗震设计规范》(GB 50011—2010,2016 年版)附录 A 规定,应同时写明《中国地震动参数区划图》(GB 18306—2015)附录 C 表 C.16 确定。设防烈度要按各乡镇查明;特征周期确定,一定要结合场地类别确定,一般场地类别为Ⅱ类,对于场地类别为Ⅰ、Ⅲ类场地,特征周期应查表抗震规范 5.1.4 确定。

(3)地质作用:对石灰岩地区,应评价是否有岩溶发育,对建筑物有无影响。

3.11 评价

(1)CFG 桩评价:对勘察等级为甲级的建筑物,采用 CFG 桩,应按相关规范进行论证后,方可得出结论。

(2)CFG 桩要求桩体混凝土强度平均值不低于 C20 为宜,不符合《建筑地基处理技术规范》第3.0.11规定条文说明。根据环境类别Ⅱ类，结构混凝土材料的耐久性要求，不低于C25。

(3)桩基未对成桩可行性及对周边环境的影响进行评价。岩土规范4.9.1条，强条。包括复合地基也要评价。

(4)无高低层建筑差异沉降评价，违反高规8.5.1条规定。

(5)距离已建建筑物较近，报告应对拟建建筑物地基基础设计施工队已建建筑物影响做出评价或提出建议。

(6)预应力管桩应明确桩型，若为普通预应力混凝土管桩，则不适用于8度抗震设防区，应采用高强度混凝土管桩。

(7)基坑评价：边坡设计参数中，对杂填土应提供抗剪切指标；换填时，换填厚度较大，基坑评价按基础埋深进行基坑评价不合理。

(8)地基承载力进行修正时，地下水位以下取浮重度，按最高水位考虑。

(9)建筑物基础持力层下有软弱下卧层，应根据地基基础设计规范5.2.7条进行下卧层承载力验算。

3.12 统计表

(1)缺少分层土工试验分层成果表。

(2)部分土层高压固结试验、渗透试验、剪切试验不足6组。

(3)不足6组试样，统计出标准差、变异系数、标准差。

(4)粉土无颗分试验数据。

3.13 平面图

标明建筑物及引测点坐标、BM点高程、建筑物边线清晰(特别是地下车库边线)。

四、常见岩土工程地质问题案例与分析

岩土工程是整个设计的重要组成基础，是一个系统的、复杂的地下空间问题。岩土工程勘察数据真实性和处理方式的适宜性以及施工质量的控制都会对地基和上部结构产生影响，如果产生的强度和变形超过限制，则会产生一系列重要的事故和灾难。

下面从天然地基、复合地基两个方面介绍一些工程案例。

1 天然地基

天然地基出现问题的主要诱发因素有地质因素、外部环境因素和施工因素三大类：

1.1 地质因素

(1)跨越不同工程地质单元,如土岩交界、持力层差异显著、下卧层。

(2)地基强度不均一,如 N10 结果差异大。

(3)半挖半填。

(4)高回填地基,坡底处理不合理或存在稳定问题。

(5)临坡、临沟渠、临崖等,要满足抗滑稳定要求。

(6)局部存在坑井墓或防空洞等不良地质现象。

(7)换填方案不合理,如一个基坑采用不同材料换填。

(8)存在特殊性岩土,如膨胀土、污染土、湿陷性黄土、填土等,且未采取相应的处理措施。

1.2 外部环境因素

(1)运行期基础浸水。

(2)在雨季排水不畅渗入基槽、"7·19"暴雨、临河等。

(3)周围施工影响。

(4)临近基坑开挖至基础标高以下,或存在大型机械振动、桩基施工。

(5)降水作业。

1.3 施工因素

(1)局部超挖后回填不密实。

(2)验槽时基槽都要看一遍,用铁锹挖一挖是不是虚的、有多厚。

(3)未按照验槽方案进行处理。

(4)曾经有一个项目膨胀土我方建议换填砂石,而施工队采用的是 3∶7灰土,导致出现裂缝。

(5)未达到设计密实度。

(6)施工质量差、控制不严。

【案例 1】 林州市东关某小区

主要现象：

楼梯间均出现了 1 ~ 2 mm 的裂缝。

地下室内沿东南 - 西北方向的地面上形成一道裂痕。

楼南立面的西边比东边高 13 cm,北立面的西边比东边高 9 cm。

鉴定结论：

《安阳市房屋安全鉴定报告》基础形式为墙下钢筋混凝土条形基础,基础

中均设有暗梁。据相关资料表明,由于地质条件因素,针对该楼设计要求,先将地基处理至设计标高后,再施工基础,其地基承载力特征值为 150 kPa。但未见地质勘探单位、设计单位、地基处理提供的相关资料。实际现场基础底板下采用了原土夯实……综合墙体出现裂缝位置情况,结合施工图纸、相关施工资料分析,主要是由于局部地基不均匀沉降所致。

补救措施:

液压水泥灌浆的方法对局部基础下卧层进行了加固。

地质原因:

其基础位于不同的持力层单元,属于半基岩、半土层。

未设置砂石垫层进行调整。

【案例 2】 林州某工地

主要原因:

场地一侧存在建筑物为 3 -4F 居民建筑,基础埋深约 1.0 m。

施工时基坑开挖至 -2.0 m,距离已有建筑物仅 1 m,未支护。

新建建筑物采用的是 CFG 桩复合地基,由于设备重、施工快,置换土体未达到强度标准,引起西侧基础沉降变形,导致墙体开裂。

【案例 3】 陕西大华纺织有限责任公司新五村 7 号楼地下水上升问题

主要现象:

2003 年,大华厂厂区内 4 口水源井全部关闭,改用城市自来水,带来地下水位的上升,使得 2004 年 6 月至 2008 年 5 月初,大华厂内先后 13 次发生了 20 处地面塌陷现象。

截至 2008 年 5 月,大华厂内各区域的地下水位平均上升了 4.5 m。

20 世纪 90 年代末以前,西安过量采取地下水,地下水位不断下降,引起了地面大范围沉降,同时也加剧了地裂缝的活动,给城市建设带来了较大的影响和危害。

自从 2003 年以来,随着黑河供水量的增加,西安供水由地下水转变为水库地表水,地下水位开始回升,地裂缝活动减弱了,地质安全得到了保障,却由此产生了新的次生灾害。

黄土地基发生湿陷变形、建筑物基础下面形成饱和软土,容易引发建筑地基下陷和楼体开裂、防空洞坍塌、管道开裂等。

1999 年至 2008 年 3 月,西安封停了 1 087 眼水井,填埋了 300 余眼违章水井,每年减少 1.6 亿 m^3 的地下水开采。同时,西安的供水系统改为以黑河地表水为主。同时,西安市还加大了地下水回灌力度,还在南郊设置了两处地下水回灌点,将地表水注入地下含水层、以增加地下水储量,两口井日回灌水量可达 900 m^3 左右。通过封井、回灌地下水,西安市地下水位已经开始回升。监测结果显示,西安全市 83% 的监测点地下承压水位有了明显上升,最大上升高度达到 6 m。

根据 2006 年地下水位监测资料，与 2005 年相比，西安东郊地下水位就上升了 6.02 m，西郊地下水位上升了 2.58 m，南郊地下水位上升了 4.45 m，这说明近年来西安地下水位普遍持续上升。

由于西安属于湿陷性黄土地质，地下水位上升容易引起黄土地基发生湿陷变形，地基下陷、地基不均匀沉降变形、防空洞坍塌、管道开裂、楼两侧产生差异变形和裂缝、路面塌陷等。以西安的地下防空洞为例，洞室浸水坍塌后，其周边土性发生改变，当建筑物距坍塌防空洞较近时，容易影响建筑物地基的局部稳定。“西安局部地区的地下水位上升幅度还比较大，我见过有些勘察报告在评价地下水位变化时仍利用《西安城市工程地质图集》(1998)中的结论，认为地下水位还在持续下降；勘察设计时对这一新问题加以重视。”

由于安阳市地下水现在普遍回升，在一定程度上和西安类似，在近期已经发现地下水位抬升导致地下室出现渗水现象，这一问题在后续的勘察和设计过程中一定要留意，多考虑、多分析，提供合理科学的地基处理建议。

2 复合地基

复合地基(CFG 桩)常见问题主要为测桩不够、桩体存在缺陷、桩头破损严重、混凝土强度不达标。

【案例 1】 安阳东区某小区 CFG 桩测桩不够

主要现象：

在进行单桩承载力和复合地基承载力检测过程中，3 个单桩承载力仅能达到设计强度的 60% ~90%，低应变数据显示Ⅲ类和Ⅳ类桩占 46%。建设单位组织五方现场进行验槽鉴定，结论如下图所示。

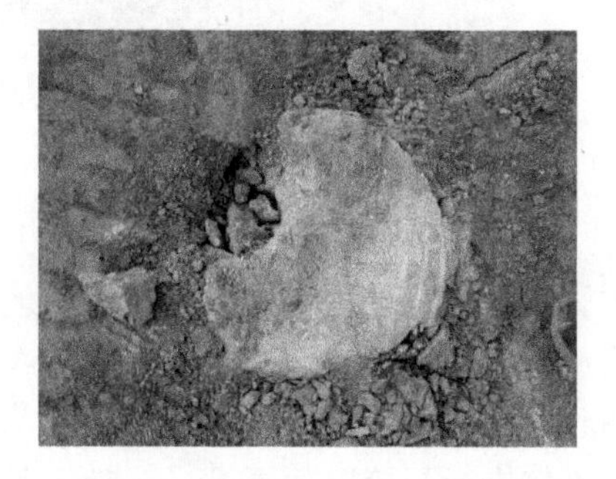

经现场开挖和询问施工过程，认为是施工过程混凝土浇筑时提钻速率过快、混凝土在地下水位以下产生液化离析，导致存在竖向孔洞和部分部位混凝土强度低、达不到设计混凝土强度标准。

【案例 2】 安阳北关区某小区夯实水泥土桩复合地基

主要现象分析：

我院提供的桩间土天然地基为 110 kPa，设计要求复合地基为 130 kPa，实际测试复合地基为 106 kPa，比天然地基还要低。甲方初步认为我方提供的勘察成果有问题、不准确，要求索赔。在收到反馈信息后，我方派出专家第一时间赶至现场，经过调查了解，初步认为非地质原因引起的桩体强度不够，要求对桩体进行开挖以便更进一步地了解成桩的桩体情况，施工方不配合。在我方强烈要求下，进行了桩体开挖，发现桩体强度低、夯实度不够，开挖后桩体直接自己倒掉。此问题显然是施工过程中出现的,经过调查,最终施工单位承认是在夜间施工、监理未进行实时旁站,导致工人为了赶进度未按照要求进行夯实。最终处理方案为桩体全部重新施工。

经验:地质技术人员一定要获取第一手的、真实的地质资料。在现场验槽时更要慎重对待,对存在的问题要结合地质条件深剖析、细研判,发现问题的症结所在。另外,地质参数要为工程安全保留一定的安全系数。

五、高层建筑岩土工程勘察标准

《高层建筑岩土工程勘察标准》于2018年2月1日实施。

1 由"规程"变为"标准",取消了3.0.6、8.1.2、8.2.1、8.3.2、10.2.2强制性标准条文

3.0.6条 详细勘察阶段应采用多种手段查明场地工程地质条件;应采用综合评价方法,对场地和地基稳定性做出结论;应对不良地质作用和特殊性岩土的防治、地基基础形式、埋深、地基处理、基坑工程支护等方案的选型提出建议;应提出设计、施工所需的岩土工程资料和参数。

8.1.2 对直接危害的不良地质作用地段,不得选作高层建筑建设场地。对于有不良地质用作存在,但经技术经济论证可以治理的高层建筑场地,应提出防治方案建议,采取安全可靠的整治措施。

8.2.1 天然地基分析评价应包括以下基本内容:

1 场地、地基稳定性和处理措施的建议;

2 地基均匀性;

3 确定和提供各岩土层尤其是地基持力层承载力特征值的建议值和使用条件;

4 预测高层和高低层建筑地基的变形特征;

5 对地基基础方案提出建议;

6 抗震设防区应对场地地段划分、场地类别、覆盖层厚度、地震稳定性等做出评价;

7 对地下室防水和抗浮进行评价;

8 基坑工程评价。

8.3.2 桩基评价应包括以下基本内容:

1 推荐经济合理的桩端持力层；

2 对可能采用的桩型、规格及相应的桩端入土深度（或高程）提出建议；

3 提供所建议桩型的侧阻力、端阻力和桩基设计、施工所需的其他岩土参数；

4 对沉（成）桩可能性、桩基施工对环境影响的评价和对策以及其他设计、施工应注意事项提出建议。

10.2.2 详细勘察报告应满足施工图设计要求，为高层建筑地基基础设计、地基处理、基坑工程、基础施工方案及降水截水方案的确定等提供岩土工程资料，并应做出相应的分析和评价。

2 主要修订内容

（1）增加了特级勘察。

表 3.0.2 高层建筑岩土工程勘察等级划分

勘察等级	高层建筑规模和特征、场地和地基复杂程度及破坏后果的严重程度
特级	符合下列条件之一，破坏后果很严重： 1 高度超过 250 m（含 250 m）的超高层建筑： 2 高度超过 300 m（含 300 m）的高耸结构： 3 含有周边环境特别复杂或对基坑变形有特殊要求基坑的高层建筑
甲级	符合下列条件之一，破坏后果很严重： 1 30 层（含 30 层）以上或高于 100 m（含 100 m）但低于 250 m 的超高层建筑（包括住宅、综合性建筑和公共建筑）； 2 体型复杂、层数相差超过 10 层的高低层连成一体的高层建筑； 3 对地基变形有特殊要求的高层建筑； 4 高度超过 200 m，但低于 300 m 的高耸结构，或重要的工业高耸结构； 5 地质环境复杂的建筑边坡上、下的高层建筑； 6 属于一级（复杂）场地，或一级（复杂）地基的高层建筑； 7 对既有工程影响较大的新建高层建筑； 8 含有基坑支护结构安全等级为一级基坑工程的高层建筑
乙级	符合下列条件之一，破坏后果严重： 1 不符合特级，甲级的高层建筑和高耸结构； 2 高度超过 24 m、低于 100 m 的综合性建筑和公共建筑； 3 位于邻近地质条件中等复杂，简单的建筑边坡上、下的高层建筑； 4 含有基坑支护结构安全等级为二级、三级基坑工程的高层建筑

注：1. 建筑边坡地质环境复杂程度按现行国家标准《建筑边坡工程技术规范》（GB 50330）划分判定；

2. 场地复杂程度和地基复杂程度的等级按现行国家标准《岩土工程勘察规范》（GB 50021）判定；

3. 基坑支护结构的安全等级按现行行业标准《建筑基坑支护技术规程》（JGJ 120）判定。

3.0.3 条　基槽开挖到底后，应进行施工验槽和验桩(原为勘察单位宜参与施工验槽)。

3.0.9 条 7 款　高层建筑岩土工程勘察应包括基坑工程勘察的内容。

8 款　对开挖深度超过 15 m 的土质和风化岩基坑，宜提供回弹模量和回弹再压缩模量，需要时应布设回弹观测，实测基坑的回弹量。

(2)对抗浮水位术语做了修改。

为满足地下结构抗浮设防安全及抗浮设计技术经济合理的需要，根据场地水文地质条件、地下水长期观测资料和地区经验，预测地下结构在施工期间和使用年限内可能遭遇到的地下水最高水位，用于设计按静水压力计算作用于地下结构基底的最大浮力。

(3)对天然地基勘察方案勘探点布设，在花岗岩残积土地区的钻孔深度和连续记录等静力触探或动力触探测试的数量做了调整。

4.1.3 条 4 款　单栋高层建筑，控制性勘探点的数量，甲级不应少于 3 个，乙级不应少于 2 个。建筑群按方格网布置，控制性勘探点的数量不应少于勘探点总数的 1/2。

5 款　湿陷性黄土、膨胀土、红黏土等特殊性岩土应布设适量探井。

4.1.4　详细勘察阶段采取不扰动土试样和原位测试数量应符合下列规定：

1 单栋高层建筑采取不扰动土试样和原位测试勘探点的数量不宜少于全部勘探点总数的 2/3，对勘察等级甲级及其以上者不宜少于 1 个。对乙级不宜少于 3 个。

2 单栋高层建筑每一主要土层，采取不扰动土试样或十字板剪切、标准贯入试验等原位测试数量不应少于 6 件(组、次)。当采用连续记录的静力触探或动力触探时，不应少于 3 个孔。

3 同一建筑场地当有多栋高层建筑时，每栋建筑的数量可适当减少。

4.1.5　对于深层土体，黏性土宜采用三重管单动回转取土器。砂土宜采用环刀取土器。

4.1.6　根据工程需要和对不易取得 1 级不扰动土样的土类，应布置适宜的原位测试方法评价其工程性质。

4.1.7　评价土的湿陷性、膨账性、饱和砂土和粉土地震液化、确定场地覆盖层厚度、查明地下水渗透性等勘探点深度和测试试验深度，尚应符合国家现行有关规范的要求。

4.1.8　在断裂破碎带、冲沟地段、地裂缝等不良地质作用发育场地及位于斜坡上或坡脚下的高层建筑，当需进行整体稳定性验算时，控制性勘探点的深度应满足评价和验算的要求。

4.2.1 详细勘察阶段勘探点间距应根据高层建筑勘察等级控制在15～30 m范围内，并应符合下列规定：

1 勘察等级为甲级及其以上宜取较小值，乙级可取较大值。

2 在暗沟、塘、浜、湖泊沉积地带和冲沟地区，在岩性差异显著或基岩面起伏很大的基岩地区，在断裂的破碎带、地裂缝等不良地质作用场地，勘探点间距宜取小值并可适当加密。

4.2.2 高层建筑详细勘察阶段勘探孔的深度应符合下列规定：

1 控制性勘探点深度应超过地基变形计算深度。

2 控制性勘探点深度，对于箱形基础或筏形基础，在不具备变形深度计算条件时，可按下式计算确定：

$$d_r = d + \alpha\beta b \tag{4.2.2-1}$$

式中 d_r——控制性勘探点的深度，m；

d——箱形基础或筏形基础埋置深度，m；

α——与土的压缩性有关的经验系数，根据基础下的地基主要土层按表4.2.2取值；

β——与高层建筑层数或基底压力有关的经验系数，对勘察等级为甲级的高层建筑可取1.1，对乙级高层建筑可取1.0；

b——箱形基础或筏形基础宽度，对圆形基础或环形基础，按最大直径考虑，对不规则形状的基础，按面积等代成方形、矩形或圆形面积的宽度或直径考虑，m。

表4.2.2 经验系数 α_1、α_2 值

土类 值别	碎石土	砂土	粉土	黏性土（含黄土）	软土
α_1	0.5～0.7	0.7～0.8	0.8～1.0	1.0～1.5	1.5～2.0
α_2	0.3～0.4	0.4～0.5	0.5～0.7	0.7～1.0	1.0～1.5

注：1. 表中范围值对同一类土中，地质年代老、密实或地下水位深者取小值，反之取大值。

2. $b \geqslant 50$ m时取小值，$b \leqslant 20$ m时，取大值，b为20～50 m时，取中间值。

注：表中数值有一些变化。

4 一般性勘探点,在预定深度范围内,有比较稳定且厚度超过3 m的坚硬地层时,可钻入该层适当深度并能正确定名和判明其性质;当在预定深度内遇软弱地层时应加深或钻穿。

5 在基岩和浅层岩溶发育地区,当基础底面下的土层厚度小于地基变形计算深度时,一般性钻孔应钻至完整、较完整基岩面;控制性钻孔应深入完整、较完整基岩不小于5 m;专门查明溶洞或土洞的钻孔深度应深入洞底完整地层不小于5 m。

6 在花岗岩地区,对箱形或筏形基础,勘探孔宜穿透强风化岩至中等风化、微风化岩,控制性勘探点宜进入中等、微风化岩3~5 m,一般性勘探点宜进入中等、微风化岩1~2 m;当强风化岩很厚时,勘探点深度宜穿透强风化中带,进入强风化下带,控制性勘探点宜进入3~5 m,一般性勘探点宜进入1~2 m。

4.2.4 采取岩土试样和进行原位测试除应符合本标准第4.1.5条规定外,尚应符合下列规定:

1 在地基主要受力层内,对厚度大于0.5 m的夹层或透镜体,应采取不扰动土试样或进行原位测试;

2 当土层性质不均匀时,应增加取土数量或原位测试次数;

3 岩石试样的数量每层不应少于6件(组),以中等风化、微风化岩石作为持力层时,每层不宜少于9件(组);

4 地下室侧墙计算、基坑稳定性计算或锚杆设计所需的抗剪强度指标试验,每主要土层采取不扰动土试样不应少于6件(组)。

4.3 桩 基

4.3.1 端承型桩勘探点平面布置应符合下列规定:

1 勘探点应按柱列线布设,其间距应能控制桩端持力层层面和厚度的变化,宜为12~24 m;

2 对荷载较大或复杂地基的一柱一桩工程,应每柱设置勘探点;

3 在勘探过程中发现基岩中有构造破碎带,或桩端持力层为软硬互层且厚薄不均,或相邻勘探点所揭露桩端持力层层面坡度超过10%,勘探点应适当加密;

4 岩溶发育场地,当以基岩作为桩端持力层时应按柱位布孔,同时应辅以各种有效的地球物理勘探手段,应查明拟建场地范围及有影响地段的各种岩溶洞隙和土洞的位置、规模、埋深、岩溶堆填物性状和地下水特征。

4.3.2 摩擦型桩勘探点平面布置应符合下列规定：

1 勘探点应按建筑物周边或柱列线布设，其间距宜为20～30 m，当相邻勘探点揭露的主要桩端持力层或软弱下卧层层位变化较大，影响桩基方案选择时，应适当加密勘探点；

2 对基础宽度大于30 m的高层建筑，其中心宜布设勘探点：带有裙楼或外扩地下室的高层建筑勘探点布设时应将裙楼和外扩地下室与主楼一同考虑。

4.3.3 端承型桩勘探孔的深度应符合下列规定：

1 当以可压缩地层（包括全风化和强风化岩）作为独立柱基桩端持力层时，勘探点深度应能满足沉降计算的要求，控制性勘探点的深度应深入预计桩端持力层以下$5d$～$8d$（d为桩身直径，或方桩的换算直径），直径大的桩取小值，直径小的桩取大值，且不应小于5 m：一般性勘探点的深度应达到预计桩端下。

2 对一般岩质地基的嵌岩桩，控制性勘探点应钻入预计嵌岩面以下$3d$～$5d$，且不应小于5 m，一般性勘探点深度应钻入预计嵌岩面以下$1d$～$3d$，且不应小于3 m；

3 对花岗岩地区的嵌岩桩，控制性勘探点深度应进入中等、微风化岩5～8 m，一般性勘探点深度应进入中等、微风化岩3～5 m；

4 对于岩溶、断层破碎带地区，勘探点应穿过溶洞或断层破碎带进入稳定地层，进入深度不应小于$3d$，且不应小于5 m；

5 具多韵律薄层状的沉积岩或变质岩，当风化带内强风化、中等风化、微风化岩呈互层出现时，对拟以微风化岩作为持力层的嵌岩桩，勘探点深度进入微风化岩不应小于5 m。

4.3.4 摩擦型桩勘探点的深度应符合下列规定：

1 一般性勘探点的深度应进入预计桩端持力层或预计最大桩端入土深度以下不小于5 m；

2 控制性勘探点的深度应达群桩桩基（假想的实体基础）沉降计算深度以下1～2 m，群桩桩基沉降计算深度宜取桩端平面以下附加应力为上覆土有效自重压力20%的深度，或按桩端平面以下$1B$～$1.5B$（B为假想实体基础宽度）的深度考虑。

4.3.5 桩基勘察的岩土试样采取及原位测试除应符合本标准第4.1.5条规定外，尚应符合下列规定：

1 当采用嵌岩桩时，其桩端持力层的每种岩层，每个建筑场地应采取不少于9组的岩样进行天然和饱和单轴极限抗压强度试验；

2 以不同风化带作桩端持力层的桩基工程，勘察等级为甲级及以上时控制性钻孔宜进行波速测试，按波速值、波速比或风化系数划分岩石风化程度。划分标准应符合现行国家标准《岩土工程勘察规范》(GB 50021)的规定。

基坑工程

4.5.3 勘察范围应根据开挖深度和场地的岩土工程条件确定，宜在开挖边界线外1~2倍开挖深度范围内布置适量勘探点，深厚软土地基、膨胀土地基可适当扩大范围：当开挖边界外无法进行勘探时，应通过调查和收集取得相应资料。

4.5.4 勘探点应沿基坑各侧边布设，其间距应根据地层复杂程度确定，宜取15~30 m，且每一侧边的剖面线勘探点不宜少于3个，当场地存在软土、饱和粉细砂、深厚填土、暗沟、暗塘等特殊地段以及岩溶地区，应适当加密勘探点，查明其分布和工程特性。

4.5.5 勘探点的深度不宜小于基坑开挖深度的2倍，并应穿过软弱土层和饱和砂层。当在要求的勘探深度内遇到微风化岩石时，控制性勘探点深度可进入微风化岩3~5 m，一般性勘探点深度可进入微风化岩1~3 m，每个侧边控制性勘探点数量不宜少于该侧边勘探点数量的1/3，且不宜少于1个。

4.5.7 基坑工程勘察试样采取、室内试验和原位测试，除应符合本标准第4.1.5条采样规定外，尚应符合下列规定：

1 室内试验应符合下列规定：

1)抗剪强度试验除常规的快剪及固结快剪试验外，尚应进行三轴固结不排水试验和三轴不固结不排水试验；

2)对饱和软土应进行高压固结试验判定其应力历史，必要时，测定其黏粒含量；

3)对砂土应做休止角试验，并宜进行颗粒分析试验，绘制颗粒粒径分布曲线；

4)当人工素填土厚度大于3.0 m时，应进行重度和抗剪强度试验；

5)对岩质基坑，当存在顺层或外倾岩体软弱结构面时，宜在现场或室内测定结构面的抗剪强度。

2 原位测试应符合下列规定：

1)对一般黏性土和砂土应进行标准贯入试验；

2)对淤泥、淤泥质土应进行十字板剪切和静力触探试验；

3)对碎石土和厚度大于3.0 m的杂填土应进行重型或超重型动力触探

试验；

4）当设计需要时可进行基准基床系数载荷试验、扁铲侧胀试验或旁压试验。

地下水勘察

5.0.3 在无经验地区，当地下水的变化或含水层的水文地质特性对地基评价、地下室抗浮和地下水控制有重大影响时，在调查和满足本标准第5.0.2条要求的基础上，应进行专项水文地质勘察，并应符合下列规定：

1 应查明地下水类型、水位及其变化幅度；

2 应明确与工程相关的含水层相互之间的补给关系；

3 应测定地层渗透系数等水文地质参数；

4 在初步勘察阶段应设置长期水位观测孔或孔隙水压力计；

5 对与工程结构有关的含水层，应采取有代表性水样进行水质分析；

（4）对综合确定抗浮设防水位做了修改和补充。

8.6.2 抗浮设防水位的综合确定宜符合下列规定：

1 抗浮设防水位宜取地下室自施工期间到全使用寿命期间可能遇到的最高水位，该水位应根据场地所在地貌单元、地层结构、地下水类型、各层地下水水位及其变化幅度和地下水补给、径流、排泄条件等因素综合确定；当有地下水长期水位观测资料时，应根据实测最高水位以及地下室使用期间的水位变化，并按当地经验修正后确定；

2 施工期间的抗浮设防水位可按勘察时实测的场地最高水位，并根据季节变化导致地下水位可能升高的因素，以及结构自重和上覆土重尚未施加时，浮力对地下结构的不利影响等因素综合确定；

3 场地具多种类型地下水，各类地下水虽然具有各自的独立水位，但若相对隔水层已属饱和状态、各类地下水有水力联系时，宜按各层水的混合最高水位确定；

4 当地下结构邻近江、湖、河、海等大型地表水体，且与本场地地下水有水力联系时，可按地表水体百年一遇高水位及其波浪壅高，结合地下排水管网等情况，并根据当地经验综合确定；

5 对于城市中的低洼地区，应根据特大暴雨期间可能形成街道被淹的情况确定，对南方地下水位较高，地基土处于饱和状态的地区，抗浮设防水位可取室外地坪高程。

8.6.3 当建设场地处于斜坡地带且高差较大或者地下水赋存条件复杂、变化幅度大、地下室使用期间区域性补给、径流和排泄条件可能有较大改变或工程需要时，应进行专门论证，提供抗浮设防水位的专项咨询报告。

8.6.4 对位于斜坡地段的地下室或其他可能产生明显水头差的场地上的地下室，进行抗浮设计时，应分析地下水渗流在地下室底板产生的非均布荷载对地下室结构的影响。

8.6.5 地下室在稳定地下水位作用下的浮力应按静水压力计算。对临时高水位作用下所受的浮力，在黏性土地层中可根据当地经验适当折减。

8.6.6 当地下室自重及其承受的荷载小于地下水浮力作用时，宜设置压重或设置抗浮锚杆或抗浮桩。对高层建筑附属裙房或主楼以外、独立结构的地下室宜推荐选用增加配重或抗浮锚杆；对地下室所受浮力较大或地下室地基较差时宜推荐选用抗浮桩。

8.6.7 未设置抗浮锚杆或抗浮桩，仅以建筑自重或附加填土或配重抗浮的地下室，应考虑施工期间各种工况下不利荷载组合时地下室的临时抗浮稳定性，并应采取可靠的控制地下水位措施，防止地下室上浮。

8.6.8 抗浮桩和抗浮锚杆的抗拔承载力应通过现场抗拔静载荷试验确定。

8.6.9 初步设计时，抗浮桩的单桩抗拔极限承载力可按下式估算：

$$Q_{wl} = \sum_{i=1}^{n} \lambda_i q_{si} u_i l_i \tag{8.6.9}$$

式中 Q_{wl}——单桩抗拔极限承载力，kN；

u_i——桩的破坏表面周长，m，对于等直径桩取 $u_i = \pi d$，对于扩底桩按表 8.6.9-1 取值；

q_{si}——桩侧表面第 i 层岩土的抗压极限侧阻力，kPa，应按现行行业标准《建筑桩基技术规范》JGJ 94 确定；

λ_i——第 i 层土的抗拔系数，当无当地经验时，可按表 8.6.9-2 取值；

l_i——第 i 层土地的桩长，m。

可与基坑支护设计规范中抗拔系数取值对比。

(5)增加了按复合地基载荷试验测求的复合地基变形模量 $E_{0,sp}$ 估算复合地基变形量的方法。

(6)取消了用静力触探试验成果估算预制桩单桩极限承载力。

(7)增加了回弹模量和回弹再压缩模量室内试验要点及估算回弹量和回弹再压缩量的公式。

(8)对采用标准贯入试验成果估算预制桩竖向极限承载力做了修改和调整。

表 D.0.1　用标准贯入实测击数 N 测求混凝土预制桩极限侧阻力 q_{sis}

土的名称	标准贯入试验实测击数 N(击)	混凝土预制桩极限侧阻力 q_{sis}(kPa)
淤泥	$N<3$	14 ~ 20
淤泥质土	$3<N\leqslant5$	22 ~ 30
黏性土	流塑 $N\leqslant2$	24 ~ 40
	软塑 $2<N\leqslant4$	40 ~ 55
	可塑 $4<N\leqslant8$	55 ~ 70
	硬可塑 $8<N\leqslant15$	70 ~ 86
	硬塑 $15<N\leqslant30$	86 ~ 98
	坚硬 $N>30$	98 ~ 105
粉土	稍密 $2<N\leqslant6$	26 ~ 46
	中密 $6<N\leqslant12$	46 ~ 66
	密实 $12<N\leqslant30$	66 ~ 88
粉细砂	稍密 $10<N\leqslant15$	24 ~ 48
	中密 $15<N\leqslant30$	48 ~ 66
	密实 $N>30$	66 ~ 88
中砂	中密 $15<N\leqslant30$	54 ~ 74
	密实 $N>30$	74 ~ 95
粗砂	中密 $15<N\leqslant30$	74 ~ 95
	密实 $N>30$	95 ~ 116
砾砂	密实 $N>30$	116 ~ 138
全风化软质岩	$30<N\leqslant50$	100 ~ 120
全风化硬质岩	$40<N\leqslant70^{*}$	140 ~ 160
强风化软质岩	$N>50$	160 ~ 240
强风化硬质岩	$N>70^{*}$	220 ~ 300

注:1. 全风化、强风化软质岩和全风化、强风化硬质岩系指其母岩分别为 $f_{rk}\leqslant15$ MPa、$f_{rk}>30$ MPa 的岩石;

2. 单桩极限承载力最终宜通过单桩静载荷试验确定;

3. 表中数据可根据地区经验做适当调整;

4. 带 * 者,主要适用于花岗岩、花岗片麻岩和火山凝灰岩硬质岩。

详见规范附录 D。

(9)对嵌岩灌注桩岩石极限侧阻力、极限端阻力经验值做了修改和调整。

表 8.3.12　嵌岩灌注桩岩石极限侧阻力、极限端阻力经验值

岩石风化程度	岩石饱和单轴极限抗压强度标准值 f_{rk}(MPa)	岩石完整程度	岩石极限侧阻力 q_{set}(kPa)	岩石极限端阻力 q_{pt}(kPa)
中等风化	软岩 $5 < f_{rk} \leq 15$	极破碎、破碎	300 ~ 800	3 000 ~ 9 000
中等风化或微风化	较软岩 $15 < f_{rk} \leq 30$	较破率	800 ~ 1 200	9 000 ~ 16 000
微风化	较硬岩 $30 < f_{rk} \leq 60$	较完整	1 200 ~ 2 000	16 000 ~ 32 000

注:1. 表中极限侧阻力和极限端阻力适用于孔底渣厚度为 50 ~ 100 mm 的钻孔、冲孔、旋挖灌注桩;对于残渣厚度小于 50 mm 的钻孔、冲孔灌注桩和无残渣挖孔桩,其极限端阻力可按表中数值乘以 1.1 ~ 1.2 取值。

2. 对于扩底桩,扩大头斜面及斜面以上直桩部分 1.0 ~ 2.0 m 不计侧阻力(扩大头直径大者取大值,反之取小值)。

3. 风化程度愈弱、抗压强度愈高、完整程度愈好、嵌入深度愈大,其侧阻力、端阻力可取较高值、反之取较低值。也可根据 f_{rk} 值按内插法求取。

4. 对于软质岩,单轴极限抗压强度可采用天然湿度试样进行,不经饱和处理。

(10)对泥浆护壁灌注桩不同岩土的抗拔系数做了补充规定。

表 8.6.9-2　抗拔系数 λ_i

桩型	预制桩		泥浆护壁的冲孔、钻孔、旋挖灌注桩			
土、岩类别	砂土	黏性土、粉土	砂土	黏性土、粉土	全风化、强风化岩	中等风化、微风化岩
λ_i	0.5 ~ 0.7	0.7 ~ 0.8	0.4 ~ 0.6	0.5 ~ 0.7	0.7 ~ 0.8	0.8 ~ 0.9

注:1. 桩长 l 与桩径 d 之比小于 20 时,λ_i 取较小值,反之取较大值;

2. 砂土、粉土密度较小,黏性土状态较软者,λ_i 取较小值,反之取较大值;

3. 风化程度越强取较小值,反之取较大值;

4. 表中 λ_i 值在有充分试验依据的条件下,可根据地区经验做适当调整。